ENTOMOLOGISCHE ABHANDLUNGEN

Herausgegeben vom

STAATLICHEN MUSEUM FÜR TIERKUNDE IN DRESDEN

Bd.42 Suppl.

In Kommission

AKADEMISCHE VERLAGSGESELLSCHAFT GEEST & PORTIG K.-G.

LEIPZIG

Staatliches Museum für Tierkunde in Dresden
DDR – 801 Dresden, Augustusstraße 2

ABHANDLUNGEN UND BERICHTE AUS DEM STAATLICHEN MUSEUM FÜR TIERKUNDE IN DRESDEN

Hinweise für unsere Autoren

Die Publikationen des Staatlichen Museums für Tierkunde in Dresden dienen der Veröffentlichung von Arbeiten aus dem Museum sowie solchen, die ganz oder teilweise Material des Museums behandeln oder über Materialien berichten, von denen Belegstücke in die Sammlung des Museums kommen.

Die Arbeiten sollen eine Thematik aus den Wissensgebieten Taxonomie, Phylogenie, Evolution, Morphologie, Anatomie, Biologie, Ökologie, Faunistik, Zoogeographie sowie den fachbezogenen Museumswissenschaften beinhalten. Arbeiten anderer Wissensgebiete sowie biographisch oder methodisch orientierte Arbeiten können aufgenommen werden, sofern sie zur Kenntnis der genannten Gebiete beitragen. Es werden nur Originalarbeiten veröffentlicht, die weder ganz noch teilweise bereits an anderer Stelle erschienen sind. Publikationen über Tiermaterial vom Gebiet der Deutschen Demokratischen Republik werden vorrangig behandelt.

Für Inhalt, sprachliche Gestaltung sowie Beachtung einer eventuellen Veröffentlichungsgenehmigung ihrer Arbeiten sind die Autoren selbst verantwortlich. Eine redaktionelle Bearbeitung der Manuskripte behält sich der Herausgeber vor. Die Autoren erhalten eine Eingangsbestätigung oder umfassendere Nachricht über die eingesandten Manuskripte. Nach Veröffentlichung ihrer Arbeiten erhalten die Autoren unentgeltlich 100 Sonderdrucke zugesandt; bei Veröffentlichungen, welche mehr als 200 Seiten umfassen, nur 50 Sonderdrucke. Von in den „Faunistischen Abhandlungen" erscheinenden Kurzmitteilungen werden 10 Belegexemplare ausgegeben. Diese Zahlen können aus technischen Gründen auch bei Veröffentlichungen von zwei oder mehr Autoren nicht erhöht werden.

Die Manuskripte können in deutscher, englischer oder französischer Sprache abgefaßt sein. Jede Arbeit (ausgenommen die für die „Reichenbachia" vorgesehenen Veröffentlichungen) muß eine kurze Zusammenfassung in der zur Abfassung des Manuskriptes verwendeten Sprache enthalten. Diese Zusammenfassung wird einschließlich des Titels der Arbeit bei deutschsprachigen Manuskripten in das Englische, bei fremdsprachigen Manuskripten in das Deutsche übertragen. Es ist erwünscht, daß die Autoren diese Übertragung selbst vornehmen.

Eine Rezension eingesandter Monographien wird auf Wunsch gern vorgenommen.

Spezielle Richtlinien über Manuskriptgestaltung, Ausführung der Illustrationen und Korrekturgang der Publikationen können auf Anforderung vom Herausgeber bezogen werden.

ENTOMOLOGISCHE ABHANDLUNGEN

Herausgegeben vom

STAATLICHEN MUSEUM FÜR TIERKUNDE IN DRESDEN

Band 42 Supplement
1978

Eduard Wagner und Hans-Heinrich Weber:
Die Miridae Hahn, 1831, des Mittelmeerraumes
und der Makaronesischen Inseln (Hemiptera, Heteroptera)
Nachträge zu den Teilen 1-3

Die Teile 1 bis 3 erschienen jeweils als Supplemente zu den Entomologischen Abhandlungen wie folgt Teil 1 (1970/71) zu Band 37, Teil 2 (1973) zu Band 39, Teil 3 (1975) zu Band 40

In Kommission
AKADEMISCHE VERLAGSGESELLSCHAFT GEEST & PORTIG K.-G.
Leipzig

Inhalt

Seite

Berichtigungen zu Teil 3

S. 44: In der 3. Zeile von oben muß es statt „Cuneus" = „Clavus" heißen.
S. 243: In der Abb. 794 wurde bei der letzten Figur die Bezeichnung „1" vergessen.
S. 284: In der 13. Zeile von oben muß es statt „825e" = „825h" heißen.
S. 399: In der 2. Zeile von unten muß es statt „S. 402" = „S. 403" heißen.
S. 416: In der 11. Zeile von unten muß es statt „S. 432" = „S. 434" heißen.
S. 471: Bei RIBAUT (1924) muß es in der 1. Zeile statt „Hétèroptères" = „Hétéroptères" heißen.
S. 472: In der 3. Zeile von oben muß es statt „faune" = „fauna" heißen.
S. 478: In der 1. Spalte, 2. Zeile von unten, muß es statt „E. Wang." = „E. Wagn." heißen.

Entom. Abh. Mus. Tierk. Dresden Band 42 Supplement 1978

Verantwortlicher Redakteur: Dr. RAINER EMMRICH
Staatliches Museum für Tierkunde, DDR - 801 Dresden, Augustusstraße 2

Genehmigt: Ministerrat der Deutschen Demokratischen Republik, Ministerium für Kultur, unter Nr. 105/18/78

Klischees: Graphischer Großbetrieb „Völkerfreundschaft" Dresden
Druck: Graphische Werkstätten Zittau/Görlitz, Werk 1 Zittau – III/28/14 3266 800

Einleitung

In den wenigen Jahren, die seit der Abfassung der „Miridae des Mittelmeerraumes und der Makaronesischen Inseln" verflossen sind, ist eine unerwartet große Anzahl von Arten hinzugekommen. Das mag einerseits daran liegen, daß zahlreiche Entomologen ihre Sammeltätigkeit in diesen Bereich ausgedehnt haben und dabei auch in Lebensräume gelangt sind, in denen bisher kaum gesammelt worden ist. Andererseits aber ist auch die Zahl derer, die sich mit Heteropteren beschäftigen, inzwischen erheblich angestiegen. Den weitaus größten Teil der neu hinzugekommenen Arten verdanken wir dem kürzlich verstorbenen Herrn Dr. H. ECKERLEIN, Coburg. Die meisten dieser Arten hat er selbst gesammelt, einige wenige aber auch von anderen Sammlern erhalten und uns zugeleitet.

So können in diesem Nachtrag 77 Arten aufgeführt werden, die inzwischen neu beschrieben worden sind. Vier von diesen Arten mußten allerdings eingezogen und als Synonyme eingeordnet werden (*Alloeotomus doesburgi* ÖNDER, *Pilophorus coiffaiti* JOS., *Compsidolon ribesi* LINNAV., *Phytocoris milvus* SEID.). Zwei Arten, die zwar schon bekannt waren, im Mittelmeerraum bisher nicht aufgefunden, aber jetzt dort festgestellt wurden, kommen hinzu (*Adelphocoris jakovleffi* REUT., *A. suturalis* JAK.). Außerdem war es möglich, bei zwei Arten, die bisher nur in einem Geschlecht bekannt waren, das andere Geschlecht zu beschreiben und einzufügen (*Phytocoris extensus* REUT., *Ph. atomophorus* REUT.). Bei einer Anzahl von Arten werden wichtige neue Erkenntnisse wie Namensänderungen, die Einordnung in eine andere als die bisherige Gattung, das Auftreten makropterer Formen und ähnliches berichtet.

Um die systematische Ordnung aufrechtzuerhalten, wird folgendermaßen verfahren. Vor jeder im folgenden aufgeführten Art werden der Band und die Seite angegeben, auf der sie in die Bestimmungstabelle eingefügt werden müssen. Dann erfolgt die dafür erforderliche Änderung der Bestimmungstabelle und danach die Beschreibung oder Berichtigung. Dabei sind fast immer Seiten- oder Abbildungshinweise erforderlich. Um nun keine Verwirrung entstehen zu lassen, wird zwischen den Seiten und Abbildungen dieses Nachtrages und der drei Teile der „Miridae des Mittelmeerraumes" in folgender Weise unterschieden. Ein einfacher Hinweis bezieht sich auf diesen Nachtrag (z. B. S. 25 oder Abb. 10). Handelt es sich um einen Hinweis z. B. auf Teil I, so steht vor der Zahl eine römische Ziffer (z. B. S. I, 25 oder Abb. I, 10). Bei Hinweisen auf die Teile II oder III steht dann dementsprechend vor der Zahl eine römische II oder III.

Aber auch für die Einordnung der neu hinzukommenden Arten innerhalb einer Gattung ist versucht worden, eine Hilfe zu geben. Da in den drei Teilen der Bearbeitung der Miriden die Arten jeder Gattung numeriert sind, wird bei einzufügenden Arten vor dem Namen der hinzukommenden Art eine Nummer gesetzt. So bedeutet z. B. 10a, daß sie hinter der Art Nr. 10 eingefügt werden muß.

Wir glauben, daß dieser Nachtrag einerseits unbedingt erforderlich ist, aber andererseits auch – aus gegebener Veranlassung – in naher Zukunft umfassende Neuzugänge kaum zu erwarten sind, und wir hoffen, den vielfältig an uns herangetragenen Wünschen nach einer kurzfristigen Ergänzung und damit einer unbedingt notwendigen Vervollständigung der drei erschienenen Bände Rechnung getragen zu haben.

Hamburg und Kiel, den 18. Oktober 1977

EDUARD WAGNER HANS-HEINRICH WEBER

Nachträge zu Teil I

Zu S. **I, 36**

Bei **Deraeocoris (Deraeocoris) delagrangei** PUTON, 1892
hinter der Überschrift einfügen:

E. WAGNER 1976, Reichenbachia, Bd. 16 (8), S. 121, ♀.

und vor der Längenangabe einfügen:

Weibchen: Groß, 2,8x so lang wie die Pronotumbreite. Scheitel 3,2x so breit wie das Auge. 2. Fühlerglied 0,8x so lang wie die Pronotumbreite und 1,25x so lang wie das 3. und 4. Glied zusammen. Cuneus einfarbig schwarz (ob immer?).

Länge: ♂ = 10,3–10,4 mm, ♀ = 8,75–9,60 mm.

Neuer Fundort: West-Türkei (Mugla). Imagines im Juni an Myrtus communis L. Außerdem meldete SEIDENSTÜCKER die Art aus Namrun, 1. 7. 1952 (1 ♂).

Zu S. **I, 47**

Bei **Deraeocoris (Camptobrochis) cyprius** E. WAGNER, 1955
hinter der 2. Zeile einfügen:

Syn.: *Alloeotomus doesburgi* ÖNDER, 1974, Zool. Medd., Bd. 48, S. 19–22; E. WAGNER 1975. Reichenbachia, Bd. 15 (33), S. 283.

Zu S. **I, 73**

In die Bestimmungstabelle vor 3 (4) einfügen:

2a (2b) Länge beim ♂ 2,78 mm, beim ♀ 2,56 mm. Penis mit zahlreichen kleinen Spikula, die 2 Gruppen bilden. 15a. **D. (D.) seleucus** S. 2

2b (2a) Länge beim ♂ stets über 3,3 mm, beim ♀ (makr.) über 4,0 mm. Penis mit nur 1–2 großen Spikula.

15a. **Dicyphus** (s. str.) **seleucus** SEIDENSTÜCKER, 1969

Reichenbachia, Bd. 12 (14), S. 145–148.

Die Art ist den Verfassern unbekannt. Beschreibung nach SEIDENSTÜCKER.

Klein, schlank, das ♂ 4,9x, das ♀ 4,3x so lang wie die Pronotumbreite. Behaarung lang und schwarzbraun. Kopf schwarz, an der Augenecke ein gelbweißer Fleck. Scheitel beim ♂ 1,0x, beim ♀ 1,26x so breit wie das Auge. Fühler hell, das 1. Glied in der Mitte mit breitem, schwarzem Ring; 2. Glied beim ♂ 1,13x, beim ♀ 0,7x so lang wie die Pronotumbreite, distal angedunkelt. Schwielen des Pronotum groß, in der Mitte aneinanderstoßend, 1,5x so lang wie der Halsring. Halbdecken hellgrau, die Spitze des Abdomens weit überragend, Corium in der hinteren Außenecke und Cuneus an der Spitze mit schrägem, rotbraunem Fleck. Unterseite schwarz. Das Rostrum erreicht die Mittelhüften. Beine blaßgelb. Schenkel mit 2 Reihen schwarzer Flecke. Schienen am Knie und Endglieder der Tarsen geschwärzt. Hinterschiene etwa 3,3x so lang wie der Fuß.

Linkes Paramer mit in der Mitte eingeschnürtem Hypophysisarm. Hypophysis mit undeutlichem Kamm, der gegen den Stiel eine vorspringende Ecke bildet. Rechtes Paramer klein und schlank. Penis mit zahlreichen Spikula, die 2 Gruppen bilden.

Länge: ♂ = 2,78 mm, ♀ = 2,56 mm.

Die Art lebt an einer Borraginacee. Imagines im April.
Bisher nur in der Türkei (Antakia) gefunden.

Zu S. **I, 105**

In die Bestimmungstabelle vor 6 (5) einfügen:

5a (5b) Spikula der Vesika ohne Zähne. Scheitel des ♂ 1,15–1,25x so breit wie das Auge. 3. **L. griesheimae** S. I, 106

5b (5a) Das kürzere Spikulum der Vesika hat distal einige Zähne. Scheitel beim ♂ 1,65x so breit wie das Auge. 3a. **L. dentifer** S. 3

3a. **Leptopterna dentifer** LINNAVUORI, 1970

Ann. Ent. Fenn., Bd. 36, S. 95–96.

Etwas kleiner. Behaarung kurz. Scheitel (♂) 1,65x so breit wie das Auge. Stirn mit schwarzer Zeichnung in Form eines Y. 1. Fühlerglied 1,2x so lang wie die Kopfbreite; 2. Glied doppelt so lang wie die Pronotumbreite. Pronotum im vorderen Teil mit 2 schwarzen Längsbinden. Scutellum an den Seiten schwarz. Beine braun, Schenkel mit dunklen Punkten. Kürzeres Spikulum der Vesika distal mit einigen Zähnen und einer rückwärts gerichteten Spitze. Rechtes Paramer keulenförmig, mit kleiner, rückwärts gebogener Hypophysis, ähnlich demjenigen von *L. griesheimae* E. WAGN. Auch das linke Paramer demjenigen von *L. griesheimae* E. WAGN. sehr ähnlich, aber etwas schlanker und mit kleinerem Sinneshöcker.

Länge: ♂ = 9 mm.

Auch diese Art wurde nach einem einzelnen ♂ beschrieben und ist den Verfassern unbekannt. Leider ermöglichen die Zeichnungen LINNAVUORIs nicht, weitere Angaben zu machen. Sie enthalten auch hier keinerlei Maßstäbe. Es muß aber der Verdacht ausgesprochen werden, daß es durchaus möglich ist, daß es sich bei der sonderbaren Ausbildung des erwähnten Spikulums um eine Mißbildung handelt und das Tier in Wirklichkeit zu *L. griesheimae* E. WAGN. gehört.

Das Tier wurde von PARDO in Südspanien gefunden. Ein genauerer Fundort wurde nicht angegeben.

Zu S. **I, 151**

Bestimmungstabelle wie folgt ändern:

3 (4) 1. Fühlerglied so lang oder länger als die Kopfbreite. 2. Glied beim ♂ 1,8 bis 1,9x so lang wie das 1. Glied.

3a (3b) Scheitel des ♂ 1,0–1,18x so breit wie das Auge. 2. Fühlerglied mit deutlichen hellen Ringen. 12. **Ph. (R.) oleae** S. I, 155

3b (3a) Scheitel des ♂ 0,88x so breit wie das Auge. 2. Fühlerglied proximal mit deutlichem hellem Ring, hinter der Mitte ein gelblicher Ring. 12a. **Ph. (R.) pseudoscytulus** S. 3

12a. **Phytocoris (Ribautomiris) pseudoscytulus** JOSIFOV, 1974

Reichenbachia, Bd. 15 (11), S. 79–80.

Nach einem einzelnen ♂ beschrieben. Die Verfasser würden die Art nicht bei *Ph. scitulus* REUT. und *Ph. scituloides* LINDBG. einordnen, sondern bei *Ph. oleae* LINNAV. Sie unterscheidet sich von letzterer Art außer durch die Scheitelbreite nur durch Färbungsmerkmale. Ersteres Merkmal könnte bei einem Einzelstück leicht in dem angegebenen Maße abweichen. Außerdem findet sich unter unserem Material von *Ph. oleae* LINNAV. ein ♂ aus der Türkei, das in bezug auf Färbung und Zeichnung *Ph. pseudoscytulus* JOS. sehr ähnlich ist. Hier bedarf es weiteren Materials, um die Frage der Aufrechterhaltung dieser Art zu klären.

Länge: ♂ = 5,2 mm.

In Algerien (Frenda) gefangen.

Zu **S. I, 153**

Bestimmungstabelle wie folgt ändern:

14 (13) 2. Fühlerglied (Abb. I, 117g–k) 2,0–2,35x so lang wie die Pronotumbreite. Querbinde des Pronotum nicht vollständig.

14a (14b) 1. Fühlerglied 0,7x so lang wie die Kopfbreite. Querbinde des Pronotum verkürzt, aus einem Fleck bestehend, nur so lang wie die Scutellumbreite. 17a. **Ph. (R.) dichrooscytoides** S. 4

14b (14a) 1. Fühlerglied mindestens 0,8x so lang wie die Kopfbreite. Querbinde des Pronotum in einzelne Flecke aufgelöst.

15 (18) wie bisher!

17a. **Phytocoris (Ribautomiris) dichrooscytoides** JOSIFOV, 1974

Reichenbachia, Bd. 15 (11), S. 77–78.

Klein, 3,0–3,4x so lang wie die Pronotumbreite. Gelblich, Hinterrand des Pronotum, Clavus und Corium mit je einem schwarzbraunen Streifen. Innenrand des Cuneus mit schwarzbraunen Flecken. Scheitel beim ♂ 1,4–1,6x, beim ♀ 2,0–2,2x so breit wie das Auge. 1. Fühlerglied 0,7x so lang wie die Kopfbreite, braun gefleckt; 2. Glied 1,0–1,1x so lang wie die Pronotumbreite, distal schwarz; 3. Glied schwarz, an der Basis weißlich. Unterseite hell. Das Rostrum überragt die Hinterhüften ein wenig. Beine hell. Schenkel hell- bis rotbraun. Genitalöffnung des ♂ am linken Rand mit einem Höcker. Rechtes Paramer schlank. Linkes Paramer sichelförmig, Hypophysis schlank. Kammartiges Spikulum mit etwa 20 großen Zähnen.

Länge: ♂, ♀ = 3,8–4,2 mm.

An Juniperus phoenicea L. Imagines im Mai.

Aus Libyen (Cyrenaica) bekannt.

Zu **S. I, 154**

Bestimmungstabelle wie folgt ändern:

18 (15) 1. Fühlerglied (Abb. I, 117g–h) etwa so lang wie die Kopfbreite.

18a (18b) 2. Fühlerglied nur so lang wie die Pronotumbreite, nur an der Basis mit hellem Ring (Abb. 1c). 20a. **Ph. (R.) loralis** S. 5

18b (18a) 2. Fühlerglied 1,33–1,40x so lang wie die Pronotumbreite, mit 2–3 hellen Ringen.

19 (20) Wie bisher.

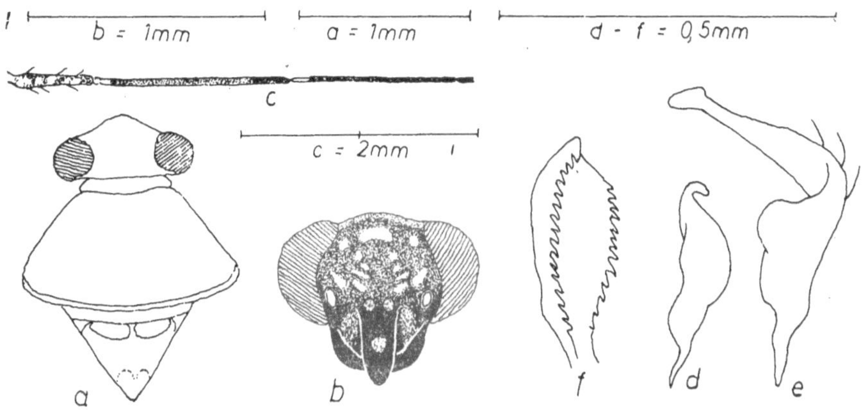

Abb. 1. *Phytocoris (Ribautomiris) loralis* E. Wagn., ♂
a: vorderer Teil von oben – b: Kopf von vorn – c: Fühler – d: rechtes Paramer von oben – e: linkes Paramer von oben – f: kammartiges Spikulum

20a. **Phytocoris (Ribautomiris) loralis** E. WAGNER, 1976

Reichenbachia, Bd. 16 (6), S. 81.

Männchen: Klein, 3,60–3,75x so lang wie die Pronotumbreite. Schwarzbraun mit schwarzer Zeichnung. Mit heller und schwarzer Behaarung. Kopf (Abb. 1b) hell gefleckt. Scheitel 1,25x so breit wie das Auge. Tylus und Lorae schwarz, letztere stehen stark vor. Fühler (Abb. 1c) dunkel, das 1. Glied mit hellen Flecken, etwa so lang wie die Kopfbreite; 2. Glied etwas länger als die Pronotumbreite, nur an der Basis mit hellem Ring, auf den ein dunkler folgt, Spitze breit schwarz; 3. Glied an der Basis mit hellem Ring. Pronotum dunkel, an der Basis ein heller Saum, davor eine schwarze Querbinde. Scutellum mit 3 hellen Flecken (Abb. 1a). Schenkel schwarz mit hellen Flecken. Schienen hell mit dunklen Ringen. Das Rostrum erreicht die Mitte des Genitalsegments.

Genitalöffnung am linken Rand mit stumpfem Fortsatz. Rechtes Paramer (Abb. 1d) spindelförmig, Hypophysis hakenartig gekrümmt. Linkes Paramer (Abb. 1e) mit langem, geradem Hypophysisarm, Hypophysis länglich, ohne Spitzen. Kammartiges Spikulum schwach chitinisiert (Abb. 1f), an den Rändern zahlreiche Zähne.

Länge: ♂ = 3,7–4,0 mm, ♀ unbekannt.

Die Art lebt an Juglans regia L. Imagines im Mai.

In der Türkei (Diyarbakir) gefunden.

Zu S. **I, 165**

Bestimmungstabelle wie folgt ändern:

24 (25) Kleiner, Länge beim ♂ 5,5–6,8 mm, beim ♀ 6,0–6,7 mm. Kopf dunkel.

24a (24b) Scheitel beim ♂ (Abb. I, 128b) 1,19x, beim ♀ 1,24x so breit wie das Auge. 31. **Ph. (Ph.) creticus** S. I, 172

24b (24a) Scheitel beim ♂ 1,0–1,06x, beim ♀ 1,32x so breit wie das Auge.

24c (24d) 2. Fühlerglied beim ♂ 1,62x so lang wie die Pronotumbreite.
31a. **Ph. (Ph.) thrax** S. 6

24d (24c) 2. Fühlerglied bei ♂ und ♀ 1,40–1,43x so lang wie die Pronotumbreite.
31b. **Ph. (Ph.) hesperidum** S. 6

31a. **Phytocoris (Phytocoris) thrax** JOSIFOV, 1969
Reichenbachia, Bd. 12 (4), S. 31–32.

Den Verfassern unbekannt. Nach einem einzelnen ♂ beschrieben und vielleicht mit *Ph. creticus* E. WAGNER identisch.

Männchen: 4,0x so lang wie die Pronotumbreite. Mit hellen und schwarzen Haaren. Scheitel 1,0x so breit wie das Auge. 1. Fühlerglied 0,9x so lang wie die Pronotumbreite; 2. Glied hinter der Mitte mit braunem Ring, der nur wenig deutlich ist, 1,62x so lang wie die Pronotumbreite; 3. Glied 0,75x so lang wie das 2., am Grunde schmal hell. Pronotum schwärzlich, ein schmaler Saum am Hinterrand, die Schwielen und der mittlere Teil vor ihnen schmal hell. Schenkel im basalen Teil hell, sonst schwarzbraun. Hinterschenkel vor der Spitze mit schräger, heller Querbinde. Vorder- und Mittelschienen mit 3 schwarzen Ringen, die viel breiter sind als die hellen Ringe.

Genitalöffnung am linken Rand mit einem höckerartigen Fortsatz. Die Parameren lassen sich nur schwer beurteilen. Das kammartige Spikulum der Vesika ist demjenigen von *Ph. creticus* E. WAGN. sehr ähnlich.

Länge: ♂ = 6,8 mm, ♀ unbekannt.

Aus Bulgarien (Thrakische Tiefebene) bekannt.

31b. **Phytocoris (Phytocoris) hesperidum** LINNAVUORI, 1973
Ann. Ent. Fenn., Bd. 36, S. 91–92.

Den Verfassern unbekannt. Nach einem einzelnen Pärchen beschrieben und vermutlich ebenfalls mit *Ph. creticus E.* WAGN. identisch.

Geringfügig kleiner als *Ph. creticus* E. WAGN. und schlank, nach hinten verbreitert. Mit anliegenden hellen und halbaufgerichteten schwarzen Haaren. Scheitel beim ♂ 1,06x, beim ♀ 1,31x so breit wie das Auge. 1. Fühlerglied 0,9x so lang wie die Pronotumbreite. 2. Glied 1,40–1,43x so lang wie die Pronotumbreite, an der Basis und hinter der Mitte mit hellem Ring; 3. Glied nur an der Basis schmal hell. Pronotum braun, an der Basis schmal hell, die Seiten und eine Binde vor dem Hinterrand dunkelbraun. Schienen mit dunklen Ringen, die breiter sind als die hellen Ringe.

Genitalöffnung des ♂ am linken Rand mit einem Höcker. Parameren anscheinend denen von *Ph. thrax* JOS. sehr ähnlich. Das kammartige Spikulum der Vesika scheint kleinere, zahlreichere Zähne zu haben.

Länge: ♂ = 5,6 mm, ♀ = 6,0 mm.

Der Name deutet daraufhin, daß die Tiere an Hesperis sp. gefunden wurden. Eine Angabe darüber fehlt jedoch. Imagines im Juni.

Aus Portugal (Lourinhã) bekannt.

Diese Art nimmt eine Mittelstellung zwischen *Ph. creticus* E. WAGN. und *Ph. thrax* JOS. ein. Alle 3 Arten dürften zusammengehören. Die beiden oben beschriebenen Arten leben an den Rändern des Mittelmeerraumes. Entweder handelt es sich hier um einen Rassenkreis oder um Geschwisterarten. Es könnte sich aber auch bei derartigen

Einzelstücken um abweichende Exemplare von *Ph. creticus* E. WAGN. handeln. Hier müssen weitere Funde abgewartet werden.

Zu S. **I, 167**

Bestimmungstabelle wie folgt ändern:

34 (35) 1. Fühlerglied beim ♂ 1,3–1,4x, beim ♀ 1,36x so lang wie die Kopfbreite (Abb. I, 128f). 2. Fühlerglied 1,7–1,8x so lang wie das 1. Glied.

34a (34b) Scheitel beim ♂ 1,0x (Abb. I, 128f), beim ♀ 1,45x so breit wie das Auge. Haare auf dem Sinneshöcker des linken Paramers (Abb. I, 133e) weit kürzer als der Arm der Hypophysis (0,3x so lang). 35. **Ph. (Ph.) reuteri** S. I, 176

34b (34a) Scheitel beim ♂ 1,36x so breit wie das Auge, ♀ unbekannt. Haare auf dem Sinneshöcker des linken Paramers länger als der Arm der Hypophysis. 35a. **Ph. (Ph.) laciniatus** S. 7

35 (34) Wie bisher.

35a. **Phytocoris (Phytocoris) laciniatus** TAMANINI, 1975

Boll. Soc. Ent. Ital., Bd. 107, S. 152–154.

Den Verfassern unbekannt. Beschreibung nach TAMANINI (l. c.). Er kennt nur das ♂, das demjenigen von *Ph. reuteri* SAUND. sehr ähnlich ist.

Scheitel 1,30–1,36x so breit wie das Auge. 1. Fühlerglied 1,25–1,40x so lang wie die Kopfbreite, mit einigen hellen Flecken; 2. Glied 1,23–1,39x so lang wie die Pronotumbreite, in der Mitte und an der Basis mit hellem Ring; 3. Glied 0,7x so lang wie das 2. und 1,25–1,3x so lang wie das 4., an der Basis mit hellem Ring, an der Spitze sehr schmal hell. Pronotum vor dem Hinterrand mit einer Querreihe von 6–7 dunklen Flecken. Das Rostrum erreicht das 3. Sternit.

Das linke Paramer fällt auf durch ein Büschel ungewöhnlich langer Haare und durch eine distal stark abgerundete Hypophysis, das kammförmige Spikulum der Vesika hat etwa 27 Zähne.

Länge: ♂ = 6,03–6,07 mm.

Die Art wurde an Crataegus oxyacantha laciniata D. C. im Juni gefunden.

Von der Insel Sizilien (Madonie) bekannt.

Zu S. **I, 179**

Bestimmungstabelle wie folgt ändern:

7 (6) 1. Fühlerglied mindestens 1,2x so lang wie die Kopfbreite (Abb. I, 135c+d). Die f. makr. über 6 mm, die f. pseudobrach. über 5 mm lang.

8 (9) Scheitel beim ♂ höchstens 1,35x, beim ♀ höchstens 1,80x so breit wie das Auge. Spitze des 2. Fühlergliedes breit schwarz.

8a (8b) Scheitel beim ♂ nur 1,07x, beim ♀ nur 1,54x so breit wie das Auge (Abb. 3c+d). 2. Fühlerglied beim ♂ 1,4x, beim ♀ 1,65x so lang wie die Pronotumbreite. Kammartiges Spikulum (Abb. 3i) mit 14 langen Zähnen. 41b. **Ph. (C.) erinaceae** S. 9

8b (8a) Scheitel beim ♂ 1,2–1,33x, beim ♀ 1,67–1,80x so breit wie das Auge. 2. Fühlerglied 1,60–1,75x so lang wie Pronotumbreite. Kammartiges Spikulum mit 9 großen oder 27 kleinen Zähnen.

8c (8d) Kammartiges Spikulum mit 9 auffällig großen, langen Zähnen (Abb. 2l). 2. Fühlerglied nur 1,6x so lang wie die Pronotumbreite. Hinterer Teil des Pronotum und Scutellum mit hellem, mittlerem Längsfleck (Abb. 2d+h).

41a. **Ph. (C.) rosmarini** S. 8

8d (8c) Kammartiges Spikulum sehr groß (Abb, I, 138k), mit 27 spitzen Zähnen. 2. Fühlerglied 1,75x so lang wie die Pronotumbreite. Hinterer Teil des Pronotum und Scutellum ohne hellen Längsfleck (Abb. I, 134b).

41. **Ph. (C.) femoralis** S. I, 185

41a. **Phytocoris (Compsocerocoris) rosmarini** E. WAGNER, 1976

Reichenbachia, Bd. 16 (13), S. 151.

Groß und schlank, das ♂ 4,7x, das ♀ (pseudobrach.) nur 3,5–3,8x so lang wie die Pronotumbreite. Hell gelblichgrau mit dunkler Zeichnung, die auf den Halbdecken Längsflecken bildet (Abb. 2h). Mit halbaufgerichteten schwarzen und feineren, anlie-

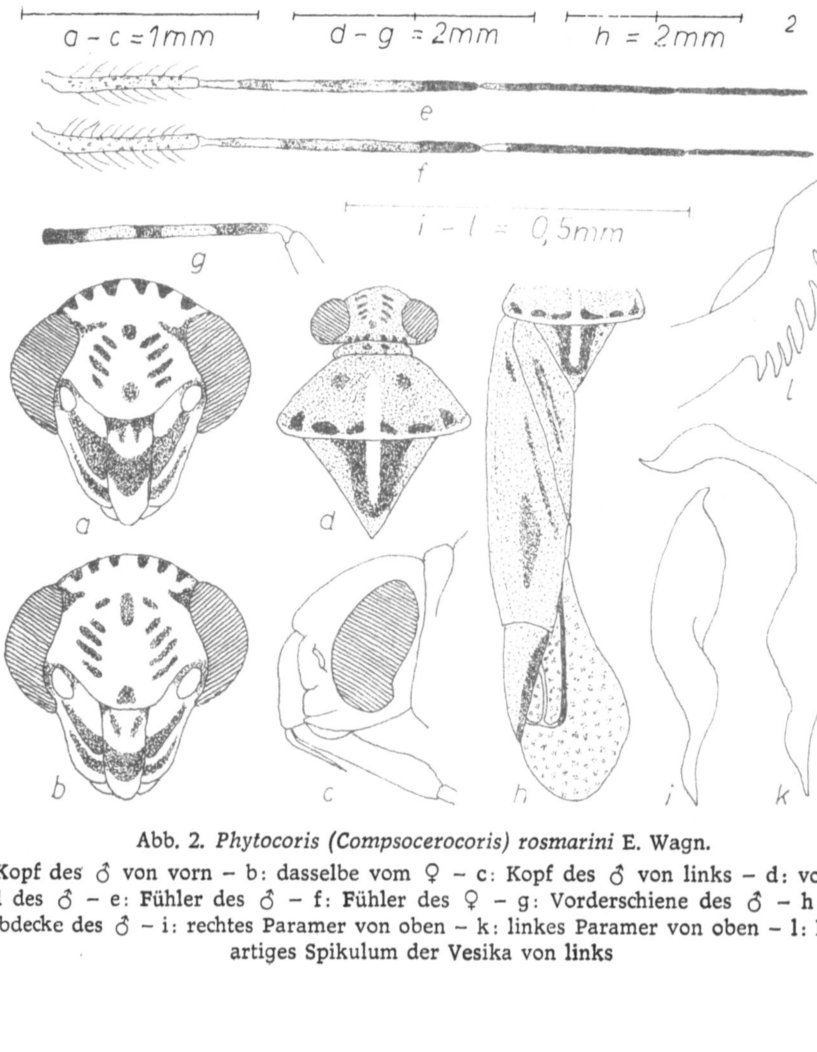

Abb. 2. *Phytocoris (Compsocerocoris) rosmarini* E. Wagn.

a: Kopf des ♂ von vorn – b: dasselbe vom ♀ – c: Kopf des ♂ von links – d: vorderer Teil des ♂ – e: Fühler des ♂ – f: Fühler des ♀ – g: Vorderschiene des ♂ – h: linke Halbdecke des ♂ – i: rechtes Paramer von oben – k: linkes Paramer von oben – l: kammartiges Spikulum der Vesika von links genden hellen Haaren. Kopf hellgelb mit dunkler Zeichnung, die derjenigen von *Ph. zebra* E. WAGN. ähnelt, aber durch die helle Tylusspitze abweicht (Abb. 2a+b). Scheitel beim ♂ 1,33x, beim ♀ 1,67–1,8 x so breit wie das Auge (Abb. 2a+b). Die Stirn reicht nach unten bis neben die Fühlerwurzeln. 1. Fühlerglied mit kleinen dunklen Flecken und langen hellen Borsten (Abb. 2e+f), etwas kürzer als die Pronotumbreite; 2. Glied 1,6x so lang wie die Pronotumbreite, Spitze breit schwarz, nahe der Basis ein dunkler Ring, der zwischen 2 hellen Ringen liegt; 3. und 4. Glied schwarz, das 3. oft an der Basis mit hellem Ring. Pronotum im hinteren Teil mit hellem Längsfleck (Abb. 2d+h), vor dem Hinterrand jederseits 3 schwarze Flecke. Scutellum ebenfalls mit hellem Längsfleck, der von einer dunklen Zone eingefaßt ist. Halbdecken mit dunklen Längsflecken (Abb. 2h). Cuneus am Membranrand mit schwarzem Längsfleck. Das Rostrum reicht bis zur Mitte des Bauches. Schenkel im Apikalteil dicht schwarz gefleckt. Schienen mit kleinen dunklen Flecken. Vorderschienen (Abb. 2g) mit 1–2 dunklen Ringen und dunkler Spitze. Mittelschienen mit Andeutungen dunkler Ringe. Hinterschienen nahe der Basis verdunkelt. Dornen fein und hell, an den Hinterschienen in dunklen Punkten stehend.

Rechtes Paramer (Abb. 2i) schlank, fast gerade, Hypophysis klein. Linkes Paramer (Abb. 2k) stumpfwinklig gebogen, Arm der Hypophysis fast gerade, gleichmäßig verjüngt. Hypophysis lang und geschwungen, distal eine gekrümmte Spitze, proximal abgerundet. Kammartiges Spikulum (Abb. 2 l) mit 9 auffallend großen, langen Zähnen.

Länge: ♂ makr. = 7,0–7,5 mm, ♀ pseudobrach. = 5,0–5,8 mm.

Die Art lebt an Rosmarinus officinalis L. Imagines im März und April.

Aus Spanien: Els Thorms (Garrigues) und Ampolla (Baix Ebre) bekannt.

41b. **Phytocoris (Compsocerocoris) erinaceae** E. WAGNER, 1977

Reichenbachia, Bd. 16 (22), S. 217–219.

Groß, das ♂ 3,3x, das ♀ 3,1x so lang wie die Pronotumbreite. Gelbbraun, dicht schwarz gescheckt. Mit langen, krausen, hellen Haaren und glatten, halbaufgerichteten schwarzen Haaren. Makropter. Kopf von oben gesehen (Abb. 3a+b) kurz und geneigt. Scheitel beim ♂ 1,07x, beim ♀ 1,54x so breit wie das Auge. Von vorn gesehen (Abb. 3c+d) ist der Kopf 1,2x so breit wie hoch, die Stirn reicht nach unten über die Fühlerwurzeln hinaus. 1. Fühlerglied (Abb. 3e+f) dunkel gescheckt, im basalen Teil mit langen, hellen Haaren, 1,2–1,3x so lang wie die Kopfbreite; 2. Glied nahe der Basis mit dunklem Ring, der zwischen 2 hellen Ringen liegt, Spitze breit schwarz, das Glied beim ♂ 1,4x, beim ♀ 1,65x so lang wie die Pronotumbreite; 3. Glied an der Basis breit hell, beide Endglieder grau. Pronotum vor dem Hinterrand mit einer Querreihe von 6 schwarzen Flecken, von denen die beiden äußeren am Seitenrand liegen (Abb. 3a+b). Scutellum mit 3 hellen Flecken. Halbdecken ziemlich gleichmäßig gescheckt, neben dem Innenwinkel ein heller Fleck, Spitze von Embolium und Cuneus schwarz. Membran grau, braun gescheckt. Beine hell, Apikalteil der Schenkel dunkel gescheckt. Alle Schienen mit 2 dunklen Ringen, Vorderschienen außerdem an Basis und Spitze dunkel, Mittelschienen nur am Knie dunkel, an den Hinterschienen liegen beide Ringe in der basalen Hälfte und der Apikalteil ist dunkel punktiert. Das Rostrum überragt die Hinterhüften.

Rechtes Paramer (Abb. 3g) keulenförmig, Hypophysis dick. Linkes Paramer (Abb. 3h) stumpfwinklig gebogen, Hypophysis ungewöhnlich lang und schmal, distal eine ge-

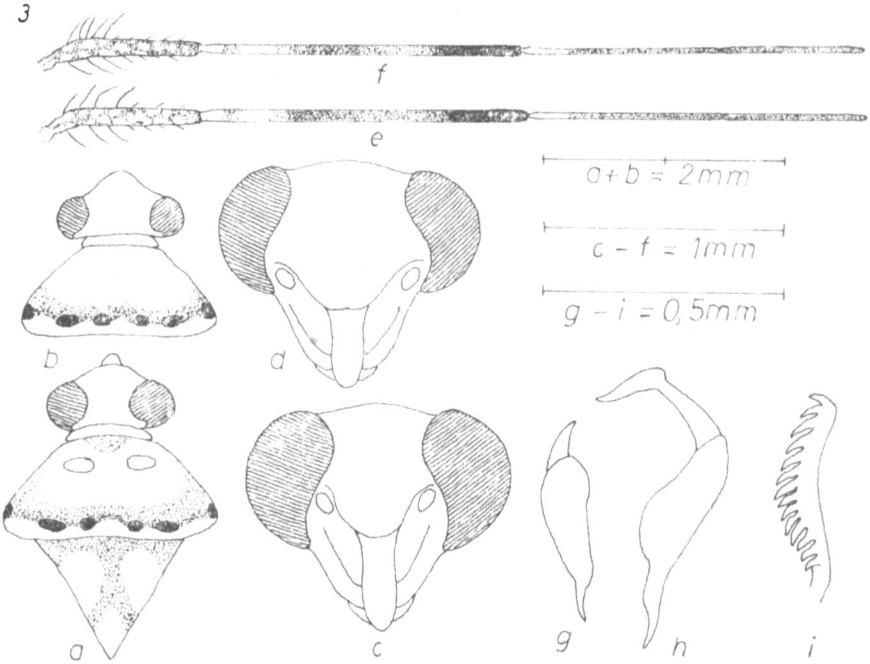

Abb. 3. *Phytocoris (Compsocerocoris) erinaceae* E. Wagn.
a: vorderer Teil des ♂ – b: Kopf und Pronotum des ♀ – c: Kopf des ♂ von vorn – d: dasselbe vom ♀ – e: Fühler des ♂ – f: Fühler des ♀ – g: rechtes Paramer von oben – h: linkes Paramer von oben – i: kammartiges Spikulum der Vesika von links

krümmte Spitze, proximal eine abgerundete Ecke. Kammartiger Anhang der Vesika mit 14 großen Zähnen.

Länge: ♂ = 7,55 mm, ♀ = 6,3 mm.

Die Art lebt an Erinacea antyllis LINK. Imagines im Juni.

Aus Algerien: Forêt de Kesra (Maktar) bekannt.

Zu S. **I, 179**

Bestimmungstabelle wie folgt ändern:

12 (13) Scheitel beim ♂ 1,2–1,4x so breit wie das Auge. 3. Fühlerglied grau oder schwarz, seine Basis schmal hell.

12a (12b) 2. Fühlerglied gegen die Spitze allmählich dunkler werdend (Abb. I, 135b). Schenkel sehr schlank, etwa 8x so lang wie dick.
43. **Ph. (C.) interruptus** S. I, 187

12b (12a) 2. Fühlerglied in der Mitte aufgehellt (Abb. 4e), Schenkel weniger schlank.
44a. **Ph. (C.) facialis** S. 11

13 (12) Wie bisher.

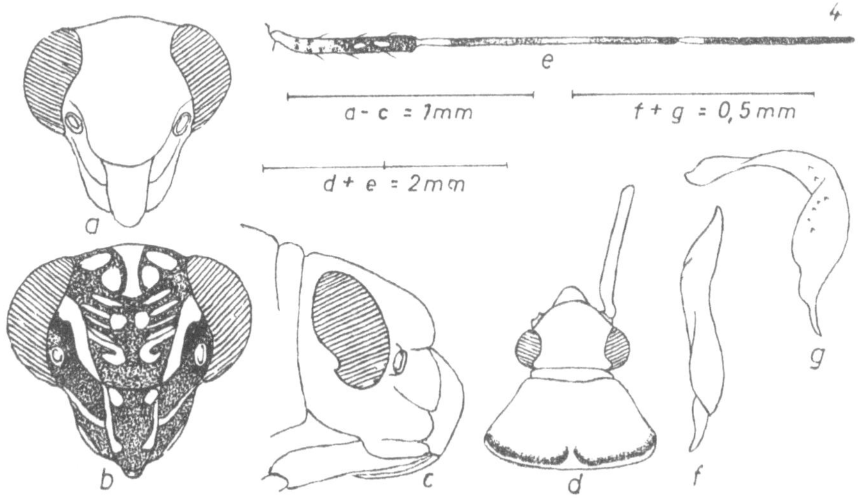

Abb. 4. *Phytocoris (Compsocerocoris) facialis* E. Wagn.
a: Kopf des ♂ von vorn – b: dasselbe vom ♀ – c: Kopf des ♂ von rechts – d: Kopf und Pronotum des ♀ – e: Fühler des ♂ – f: rechtes Paramer von oben – g: linkes Paramer von oben

44a. **Phytocoris (Compsocerocoris) facialis** E. WAGNER, 1972

Notulae Ent., Bd. 52, S. 109–110.

Langgestreckt, 3,8–3,9x so lang wie die Pronotumbreite. Graugelblich mit schwarzbrauner Zeichnung. Kopf dunkel, mit lebhafter heller Zeichnung (Abb. 4b). Stirn über die Fühlerwurzeln hinaus nach unten vorstehend. Scheitel beim ♂ 1,3–1,4x, beim ♀ 1,9x so breit wie das Auge. Fühler (Abb. 4e) schlank, das 1. Glied 1,02–1,12x so lang wie die Kopfbreite, der apikale Teil dunkel, hell gescheckt, der basale Teil hell, dunkel gescheckt; 2. Glied braun, an der Basis breit hell, in der Mitte aufgehellt, Spitze dunkler; 3. Glied an der Basis breit hell, 0,7x so lang wie das 2. Glied. Pronotum (Abb. 4d) trapezförmig, mit hellem Mittelstreif, im hinteren Teil mit dunklen Punkten, die schwarze Haare tragen; vor dem Hinterand eine schwarze Querbinde, die in der Mitte unterbrochen ist. Corium im Innenwinkel mit schwarzbraunem Fleck, der nach außen hin hell begrenzt ist. Schenkel dunkel, mit kleinen hellen Flecken. Vorderschienen mit dunkler Spitze und 2 dunklen Ringen, Mittelschienen mit 3 dunklen Ringen. Hinterschienen an der Basis und in der Mitte mit breitem dunklen Ring.

Genitalöffnung des ♂ am linken Rand mit spitzem Fortsatz. Rechtes Paramer (Abb. 4f) schlank, Hypophysis spitz. Linkes Paramer (Abb. 4g) fast rechtwinklig gebogen. Arm der Hypophysis schlank und um seine Längsachse gedreht, Hypophysis mit nach oben gerichteter Spitze. Innenseite des Paramers mit einigen Zähnen.

Länge: ♂ = 5,45 mm, ♀ = 5,5 mm.

Bisher nur einmal in Tunesien (Maktar) im Mai gefangen.

Zu S. **I, 181**

In der Bestimmungstabelle 17 (14) wie folgt ändern:

17 (14) 2. Fühlerglied gleichmäßig gelbbraun; 1. Fühlerglied 1,05–1,2x so lang wie die Kopfbreite.

17a (17b) Scheitel 1,55 x (♂) oder 1,67x (♀) so breit wie das Auge. 2. Fühlerglied 1,60x so lang wie die Pronotumbreite. 46. **Ph. (C.) retamae** S. I, 189

17b (17a) Scheitel 1,3x (♂) so breit wie das Auge. 2. Fühlerglied 1,25x so lang wie die Pronotumbreite. 46a. **Ph. (C.) sexguttatus** S. 12

18 (11) Wie bisher.

46a. **Phytocoris (Compsocerocoris) sexguttatus** E. WAGNER, 1975

Notul. Ent., Bd. 55, S. 58–59.

Männchen: 3,7x so lang wie die Pronotumbreite. Hell gelbbraun, mit dunkler Zeichnung. Behaarung hell, kraus und anliegend, dazwischen halbaufgerichtete schwarze Haare. Scheitel 1,3x so breit wie das Auge. Stirn über den Tylus vorstehend (Abb. 5b+c). Fühler (Abb. 5e) schlank, hell; das 1. Glied gescheckt, 1,2x so lang wie die Kopfbreite; 2. Glied 1,25x so lang wie die Pronotumbreite; 3. Glied 0,6x so lang wie das 2. Glied. Pronotum (Abb. 5a) vor dem Hinterrand mit einer Querbinde, die in 6 Flecke aufgelöst ist. Scutellum schwarz gefleckt. Halbdecken dicht gescheckt, aber mit einigen hellen Zonen. Das Rostrum überragt die Hinterhüften. Beine hell, Apikalteil der Schenkel verdunkelt; Vorder- und Mittelschienen mit dunkler Spitze und dunkler Basis, Vorderschienen außerdem mit 2, Mittelschienen mit 3 Ringen. Hinterschienen in der Basalhälfte mit 3 Ringen.

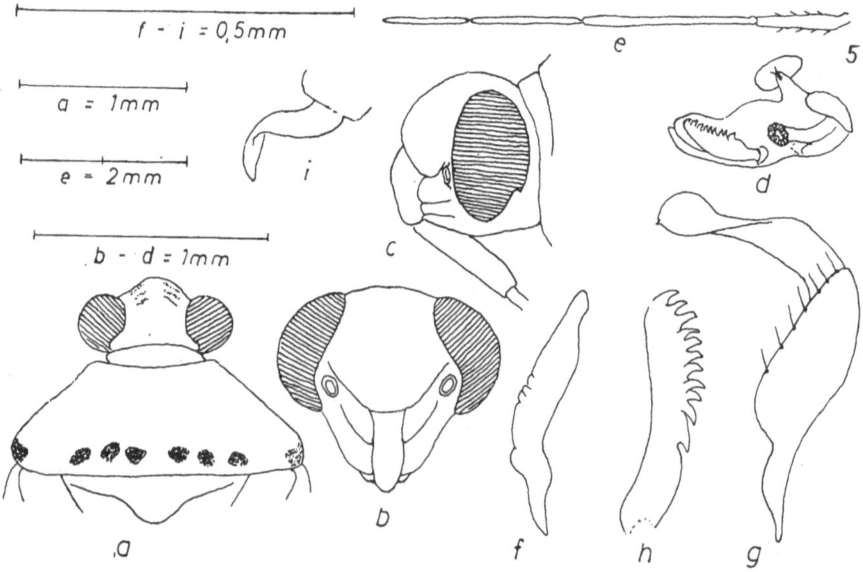

Abb. 5. *Phytocoris (Compsocerocoris) sexguttatus* E. Wagn., ♂

a: Kopf und Pronotum von oben – b: Kopf von vorn – c: Kopf von rechts – d: Penis von rechts – e: Fühler – f: rechtes Paramer von oben – g: linkes Paramer von oben – h+i: Spikula der Vesika

Rechtes Paramer (Abb. 5f) schlank. Linkes Paramer (Abb. 5g) winklig gebogen, Sinneshöcker mit einer Reihe kräftiger Borsten, Spitze der Hypophysis sehr klein. Spikulum der Vesika (Abb. 5h) mit 11–12 Zähnen.

Länge: ♂ = 6,3–6,7 mm, ♀ unbekannt.

Lebensweise unbekannt. Imagines im Juni.

Bisher nur in Algerien von ECKERLEIN gefunden.

Zu S. **I, 181**

Bestimmungstabelle wie folgt ändern:

23 (24) 2. Fühlerglied (Abb. I, 135p) im basalen dunklen Teil mit weißen Längsflecken; 3. Glied an der Basis und in der Mitte mit hellem Ring.

23a (23b) Scheitel beim ♂ 0,54x, beim ♀ 1,12x so breit wie das Auge. Pronotum vor dem Hinterrand ohne dunkle Querbinde oder Querflecke. 49. **Ph. (C.) pardoi** S. I, 192

23b (23a) Scheitel beim ♂ 0,68–0,85x, beim ♀ 1,17–1,27x so breit wie das Auge. Vor dem Hinterrand des Pronotum eine dunkle, nicht unterbrochene Querbinde. 48a. **Ph. (C.) calabricus** S. 13

24 (23) 2. Fühlerglied nur an der Basis und hinter der Mitte mit hellem Ring; 3. Glied in der Mitte ohne hellen Ring.

24a (24b) 1. Fühlerglied ungewöhnlich lang, beim ♂ 1,35x, beim ♀ 1,50x so lang wie die Kopfbreite (Abb. 6a+b). 49b. **Ph. (C.) lavendulae** S. 14

24b (24a) 1. Fühlerglied höchstens 1,2x so lang wie die Kopfbreite (Abb. I, 135k–m).

48a. **Phytocoris (Compsocerocoris) calabricus** TAMANINI, 1975

Boll. Soc. Ent. Ital., Bd. 107, S. 154–156.

Den Verfassern unbekannt. Beschreibung nach TAMANINI (l. c.).

Dem *Ph. pardoi* E. WAGN. sehr ähnlich. Grundfarbe bräunlich, mit weißen und schwarzen Haaren. Scheitel beim ♂ 0,68–0,85x, beim ♀ 1,17–1,27x so breit wie das Auge. Die beiden ersten Fühlerglieder bräunlich, das 1. Glied mit hellen Flecken, beim ♂ 0,87–0,92x, beim ♀ 1,0–1,04x so lang wie die Kopfbreite; 2. Glied an der Basis und nahe der Mitte mit hellem Ring, im basalen dunklen Teil zahlreiche helle Längsflecke, das Glied beim ♂ 1,62–1,68x, beim ♀ 1,50–1,63x so lang wie die Pronotumbreite; 3. Glied an der Basis und in der Mitte mit hellem Ring, 0,5–0,6x so lang wie das 2. Glied. Pronotum dunkel, in der Mitte heller, vor dem Hinterrand eine dunkle Querbinde. Seitenränder gerade.

Rechtes Paramer schlank, distal zugespitzt. Hypophysis des linken Paramers länger als breit, mit feiner Spitze. Kammartiges Spikulum mit etwa 11 unregelmäßigen Zähnen.

Länge: ♂ = 5,21–5,88 mm, ♀ = 5,08–5,37 mm.

Die Art lebt an Pinus laricio calabrica DELAM. Imagines im August.

Aus Kalabrien (Italien) bekannt.

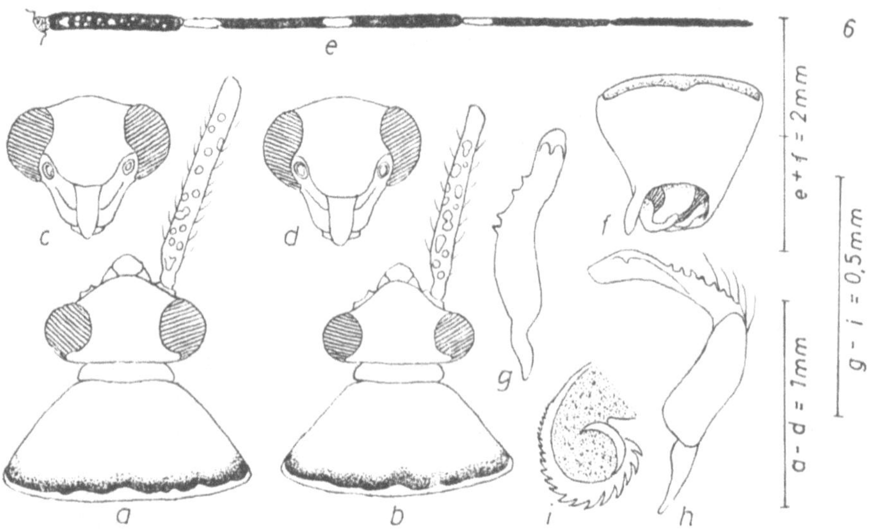

Abb. 6. *Phytocoris (Compsocerocoris) lavendulae* E. Wagn.
a: Kopf, Pronotum und 1. Fühlerglied des ♂ – b: dasselbe vom ♀ – c: Kopf des ♂ von vorn – d: dasselbe vom ♀ – e: Fühler des ♂ – f: Genitalsegment des ♂ von oben – g: rechtes Paramer von oben – h: linkes Paramer von oben – i: kammartiges Spikulum der Vesika von links

49b. **Phytocoris (Compsocerocoris) lavendulae** E. WAGNER, 1971

Mitt. Deutsch. Ent. Ges., Bd. 30, S. 4–5.

Das ♂ fast 4x, das ♀ 3,4–3,6x so lang wie die Pronotumbreite. Graugelblich mit schwarzer Zeichnung. Scheitel beim ♂ 1,6–1,7x, beim ♀ 2,2–2,3x so breit wie das Auge (Abb. 6a+b). Stirn über die Fühlerwurzel hinaus nach unten ragend und über den Tylus vorstehend (Abb. 6c+d). Fühler (Abb. 6e) schwarz, 1. Glied mit kleinen, hellgelben Flecken, beim ♂ 1,35x, beim ♀ 1,50x so lang wie die Kopfbreite; 2. Glied an der Basis und in der Mitte mit hellem Ring, etwa 1,6x so lang wie die Pronotumbreite; 3. Glied an der Basis hell; 4. Glied einfarbig schwarz. Pronotum dunkel punktiert, vor dem Hinterrand eine schwarze Querbinde (Abb. 6a+b). Halbdecken mit Längsreihen kleiner dunkler Flecke. Corium im hinteren Teil mit rotbraunem Fleck. Das Rostrum überragt die Hinterhüften. Schenkel schwärzlich, hell gefleckt. Hinterschenkel oft mit schrägem, hellem Fleck vor der Spitze. Schienen braun. Vorder- und Mittelschienen mit 3 hellen Ringen. Hinterschienen hell, mit 2 dunklen Ringen.

Genitalöffnung (Abb. 6f) des ♂ groß, am linken Rand mit kräftigem, nach hinten gerichtetem Fortsatz. Rechtes Paramer (Abb. 6g) schlank, außen einige Zähne, Hypophysis klein, rückwärts gekrümmt. Linkes Paramer (Abb. 6h) fast rechtwinklig gebogen, Arm der Hypophysis mit Zähnen. Hypophysis oval. Vesika (Abb. 6i) mit einem Spikulum, das schneckenförmig ist und außen zahlreiche Zähne trägt, die gegen die Basis an Größe abnehmen.

Länge: ♂ = 6,0–6,3 mm, ♀ = 5,3–5,6 mm.

Die Art lebt an Lavendula stoechas L. Imagines im Mai.

Bisher nur in Marokko (Hoher Atlas) gefunden.

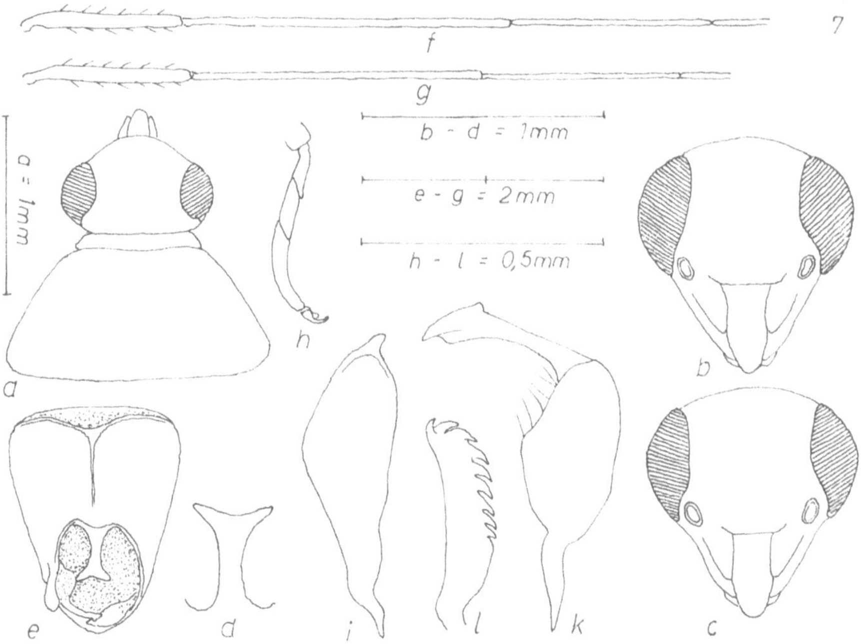

Abb. 7. *Phytocoris (Leptophytocoris) extensus* Reut.
a: Kopf und Pronotum des ♀ von oben – b Kopf des ♂ von vorn – c Kopf des ♀ von vorn – d Fortsatz vom vorderen Rand der Genitalöffnung des ♂ – e: Genitalsegment des ♂ von oben – f: Fühler des ♂ – g Fühler des ♀ – h· Hinterfuß des ♀ – i: rechtes Paramer von oben – k linkes Paramer von oben – l. kammartiges Spikulum der Vesika von links

Zu S. **I, 199**

Bei **Phytocoris (Leptophytocoris) extensus** REUTER, 1904

hinter der Überschrift einfügen:

E. WAGNER 1976, Reichenbachia, Bd. 16 (6), S. 82–85; Syn. *Ph. milvus* SEIDENSTÜCKER 1976, ibid., 16 (5), S. 73–80; E. WAGNER u. H.-H. WEBER 1977, ibid., 16 (33), S. 319–322.

und vor der Längenangabe einfügen:

Genitalsegment des ♂ (Abb. 7e) länger als dick. Genitalöffnung groß, ihr vorderer Rand trägt einen langen Fortsatz, der sich distal in 2 Spitzen gabelt (Abb. 7d). Linker Rand mit einem langen, geraden, nach hinten gerichteten Fortsatz. Rechtes Paramer (Abb. 7i) keulenförmig, distal verdickt, Hypophysis kurz. Linkes Paramer (Abb. 7k) mit geradem in der Mitte verjüngtem Arm, Hypophysis distal mit scharfer Spitze, proximal eine abgerundete Ecke. Der Sinneshöcker steht nur wenig vor. Kammartiges Spikulum der Vesika schlank, mit 9 kräftigen Zähnen.

W e i b c h e n : Scheitel 2,8x so breit wie das große, flache Auge (Abb. 7c). Stirn zuweilen mit undeutlichen Querstreifen. Sie fällt steil gegen den Tylus ab, steht aber nicht über ihn vor. 1. Fühlerglied (Abb. 7g) 1,48x so lang wie die Kopfbreite, sehr schlank; 2. Glied 1,7x so lang wie die Pronotumbreite; 3. Glied 0,8x so lang wie das

2. Glied. Pronotum ungezeichnet. An den Hintertarsen (Abb. 7h) ist das 3. Glied etwa 1,3x so lang wie das 2. Glied.

Es scheint den Verfassern fraglich, ob das von SEIDENSTÜCKER (l. c.) zu *milvus* SEID. gestellte ♀ wirklich zur gleichen Art gehort. Es wurde 2 Monate später als das ♂ an einem anderen Ort gefangen. Hier müssen weitere Funde abgewartet werden.

Länge: ♂ = 7,0 mm, ♀ = 6,0–6,2 mm.

Imagines im Mai an Kräutern.

Jetzt auch bei Madran und Bordy in der Westtürkei und bei Ankara gefangen.

Zu S. **I, 211**

Bestimmungstabelle wie folgt ändern:

35 (36) 1. Fühlerglied beim ♂ 1,35–1,47x, beim ♀ 1,25–1,45x so lang wie die Kopfbreite (Abb. I, 153c).

35a (35b) Scheitel beim ♂ 2,25–2,35x, beim ♀ 2,5–2,6x so breit wie das Auge. Genitalöffnung des ♂ am vorderen Rand mit einem Höcker, am linken Rand ein langer, nach hinten gerichteter Fortsatz (Abb. I, 163a).
74. Ph. (Kt.) exoletus S. I, 224

35b (35a) Scheitel beim ♂ 2,0x, beim ♀ 2,25–2,32x so breit wie das Auge. Genitalöffnung des ♂ am vorderen Rand mit deutlichem Fortsatz, am linken Rand ein Fortsatz, der nach oben und innen gerichtet ist (Abb. 8e+f).
74a. **Ph. (Kt.) sardus** S. 17

36 (35) Wie bisher.

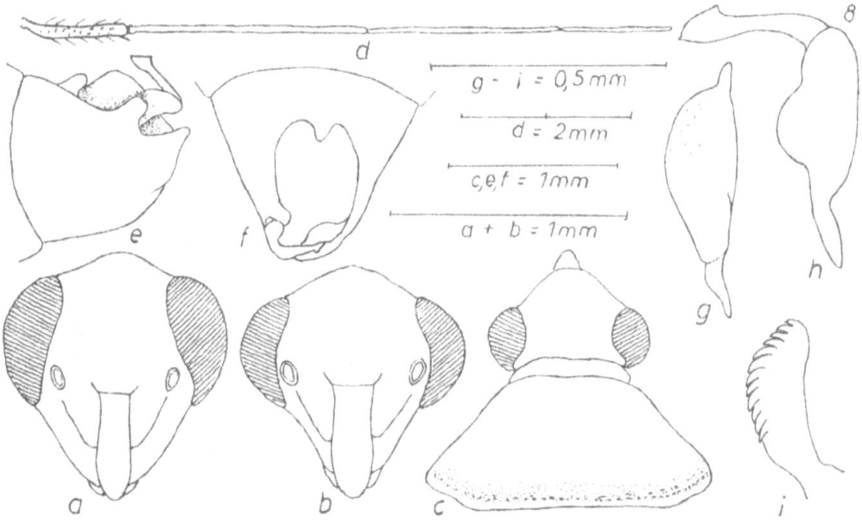

Abb. 8. *Phytocoris (Ktenocoris) sardus* E. Wagn.

a: Kopf des ♂ von vorn – b: dasselbe vom ♀ – c: Kopf und Pronotum des ♂ von oben – d: Fühler des ♂ – e: Genitalsegment des ♂ von links – f: dasselbe von oben – g: rechtes Paramer von oben – h: linkes Paramer von oben – i: kammartiges Spikulum von links

74a. **Phytocoris (Ktenocoris) sardus** E. WAGNER, 1976

Reichenbachia, Bd. 16 (6), S. 85–87.

Groß, das ♂ 4,0x, das ♀ 3,7–3,8x so lang wie die Pronotumbreite. Alle Haare hell. Scheitel beim ♂ 2,0x, beim ♀ 2,05–2,12x so breit wie das Auge (Abb. 8a–c). Fühler schlank (Abb. 8d), 1. Glied beim ♂ 1,35–1,43x, beim ♀ 1,25x so lang wie die Kopfbreite; 2. Glied beim ♂ 1,6–1,7x, beim ♀ 1,75x so lang wie die Pronotumbreite, einfarbig hell. Pronotum vor dem Hinterrand mit einer verdunkelten Zone (Abb. 8c). Halbdecken nur schwach gescheckt. Membran dicht schwärzlich gescheckt. Das Rostrum reicht beim ♂ bis zum Genitalsegment, beim ♀ bis zur Mitte des Bauches. Beine hell. Schenkel dunkel gescheckt. Schienen hell, ohne Punkte, Dornen hell. Vorder- und Mittelschienen mit 3 roten Ringen, Hinterschienen nur nahe der Basis mit rotem oder braunem Ring.

Genitalöffnung des ♂ (Abb. 8e–f) am vorderen Rand mit deutlichem Fortsatz, am linken Rand ein nach oben und innen gerichteter Fortsatz. Rechtes Paramer (Abb. 8g) in der Mitte verdickt. Linkes Paramer (Abb. 8h) mit kurzer, breiter Hypophysis, die distal eine feine Spitze und proximal eine vorstehende Ecke hat. Kammartiges Spikulum der Vesika (Abb. 8l) mit 12 etwa gleichgroßen, eng aneinandersitzenden Zähnen.

Länge: ♂ = 6,9–7,2 mm, ♀ = 6,4–6,6 mm.

Aus Zentralsardinien (Belvi, 700 m) bekannt.

Zu S. **I, 211**

Bestimmungstabelle wie folgt ändern:

44 (45) 1. Fühlerglied 1,45–1,50x so lang wie die Kopfbreite. Scheitel beim ♂ 1,5x, beim ♀ 1,9–2,0x so breit wie das Auge. 79. **Ph. (Kt.) lindbergi** S. I, 228

45 (44) 1. Fühlerglied 1,25–1,30x so lang wie die Kopfbreite.

45a (45b) Scheitel beim ♂ 1,55–1,58 x, beim ♀ 1,9x so breit wie das Auge (Abb. 9a+b). Kopf quergestreift. 80a. **Ph. (Kt.) zebra** S. 17

45b (45a) Scheitel beim ♂ über 1,7x, beim ♀ über 2,0x so breit wie das Auge. Kopf nicht auffällig quergestreift.

46 (47) Wie bisher.

80a. **Phytocoris (Ktenocoris) zebra** E. WAGNER, 1975

Bull. Zool. Mus. Amsterdam, Bd. 4, S. 141–146.

Männchen makropter und 4x, Weibchen pseudobrachypter und 4,2x so lang wie die Pronotumbreite. Die Art kommt in 2 Färbungsvarianten vor. Die eine ist überwiegend rot gefärbt und gezeichnet, die andere ist hell gelblichgrau und ihre Zeichnung bräunlich bis schwärzlich. Behaarung aus weißlichen, anliegenden und halbaufgerichteten, schwarzen Haaren bestehend. Kopf mit zebraartiger Querstreifung (Abb. 9b). Scheitel beim ♂ 1,55x, beim ♀ 1,9x so breit wie das Auge (Abb. 9a+b). Fühler (Abb. 9e) hell, das 1. Glied dicht dunkel gescheckt, 1,25x so lang wie die Kopfbreite; 2. Glied 2,4–2,5x so lang wie die Kopfbreite, distal leicht verdunkelt. Pronotum vor dem Hinterrand mit einer Querbinde, die oft in 5 Flecke aufgelöst ist. Corium zwischen den Adern rot oder grau gescheckt. Exocorium mit alternierenden Flecken, hintere Außenecke schmal schwarz. Bei der f. pseudobrach. reicht die Membran nur wenig über die Cuneusspitze hinaus. Das Rostrum reicht über die Hinterhüften hinaus. Beine hell. Schenkel im Apikalteil dunkel gescheckt. Vorderschienen (Abb. 9f) mit dunklen

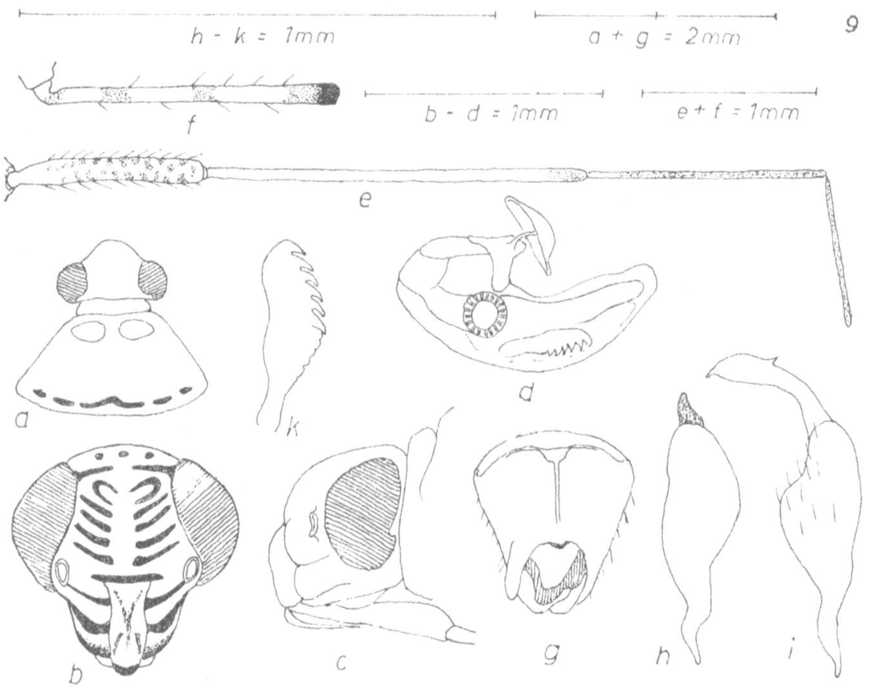

Abb. 9. *Phytocoris (Ktenocoris) zebra* E. Wagn., ♂

a: Kopf und Pronotum von oben – b: Kopf von vorn – c: Kopf von links – d: Penis – e: Fühler – f: Vorderschiene – g: Genitalsegment von oben – h: rechtes Paramer von oben – i: linkes Paramer von oben – k: kammartiges Spikulum der Vesika von links

Ringen. Dornen der Schienen fein und schwarz. An den Hinterschienen stehen sie in winzigen, schwarzen Punkten. Genitalöffnug des ♂ nur an der linken Seite mit rückwärts gerichtetem Fortsatz (Abb. 9g). Rechtes Paramer (Abb. 9h) in der Mitte sehr dick, Hypophysis klein und schwarz. Linkes Paramer (Abb. 9i) nur schwach gekrümmt. Arm der Hypophysis kurz, schlank und gekrümmt. Hypophysis distal mit gekrümmter Spitze, proximal ein rückwärts gerichteter Zahn. Kammartiges Spikulum (Abb. 9k) klein, mit 6 kräftigen Zähnen.

Länge: ♂ makr. = 6,0 mm, ♀ pseudobrach. = 6,3 mm.

Lebensweise unbekannt. Imagines im August.

Von der Insel Korsika (Vizzavona, 850–950 m) bekannt.

Zu S. **I, 212**

In der Bestimmungstabelle hinter 52 (41) einfügen:

52a (52b) Der gegabelte Fortsatz hat einen langen Stiel (Abb. 10c+i).
86a. **Ph. (Kt.) weidneri** S. 19

52b (52a) Gegabelter Fortsatz ungestielt (Abb. I, 168a–c).

53 (54) Wie bisher.

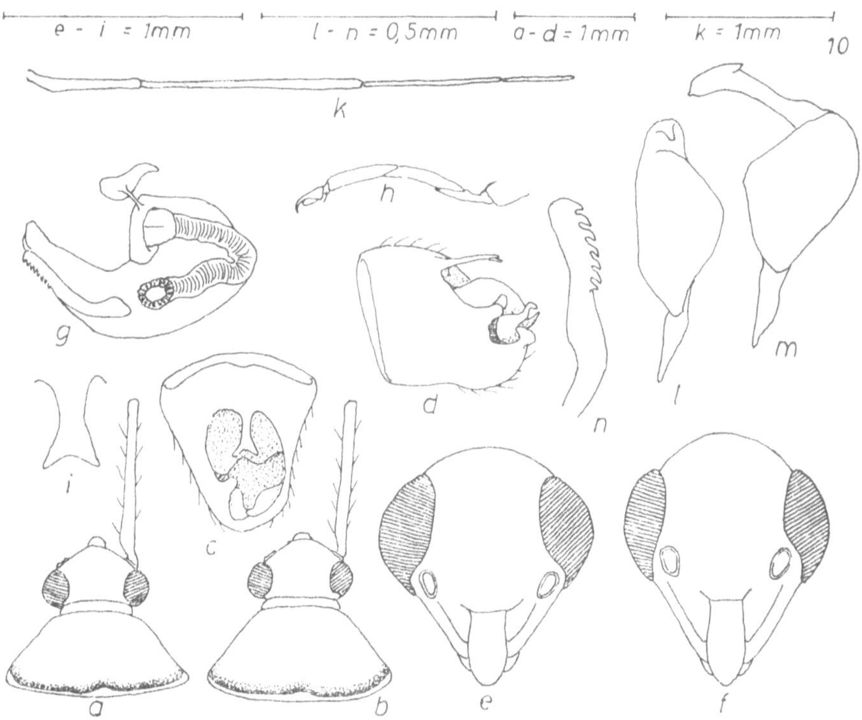

Abb. 10. *Phytocoris (Ktenocoris) weidneri* E. Wagn.
a: Kopf und Pronotum des ♂ von oben – b: dasselbe vom ♀ – c: Genitalsegment vom ♂ von oben – d: dasselbe von links – e: Kopf des ♂ von vorn – f: dasselbe vom ♀ – g: Penis von rechts – h: Hinterfuß – i: Fortsatz vom vorderen Rand der Genitalöffnung – k: Fühler des ♂ – l: rechtes Paramer von oben – m: linkes Paramer von oben – n: kammartiges Spikulum der Vesika

86a. **Phytocoris (Ktenocoris) weidneri** E. WAGNER, 1975

Reichenbachia, Bd. 15 (36), S. 294–296; Syn.: *Ph. gnidius* TAM. 1975, Boll. Soc. Ent. Ital., Bd. 107, S. 156–159.

Schlank, das ♂ 4,3x, das ♀ 3,3x so lang wie die Pronotumbreite. Ockergelb mit brauner Zeichnung. Behaarung hell. Kopf dreieckig (Abb. 10a+b). Scheitel gewölbt (Abb. 10e+f), beim ♂ 1,8x, beim ♀ 2,45x so breit wie das Auge. Fühler hell, das 1. Glied braun gescheckt, beim ♂ 1,34x, beim ♀ 1,5x so lang wie die Kopfbreite; 2. Glied beim ♂ 1,73x, beim ♀ 1,67x so lang wie die Pronotumbreite. Pronotum vor dem Hinterrand mit schmaler dunkler Querbinde (Abb. 10a+b). Halbdecken undeutlich gescheckt. Spitze des Cuneus schmal rot (♂) oder schwarz. ♂ makropter, ♀ in der Regel pseudobrachypter, seltener makropter. Das Rostrum erreicht das 2. Sternit. Schenkel und Schienen wie bei den folgenden Arten. An den Hintertarsen (Abb. 10h) sind das 2. und 3. Glied etwa gleich lang.

Genitalöffnung des ♂ (Abb. 10c+d) am linken Rand mit einem Fortsatz, der mit dem Rand einen rechten Winkel bildet. Am vorderen Rand ein gegabelter Fortsatz, der einen langen Stiel hat (Abb. 10c, d, i). Rechtes Paramer (Abb. 10l) in der Mitte verdickt, Hypophysis rückwärts gekrümmt. Linkes Paramer (Abb. 10m) mit sehr großem, dreieckigem Sinneshöcker, Hypophysis länglich, proximal und distal je eine Spitze. Kammartiger Anhang der Vesika (Abb. 10n) lang und schlank, mit 7 kräftigen Zähnen.

Länge: ♂ = 6,5 mm, ♀ = 5,4–5,6 mm.

Aus Italien (Insel Panaria) bekannt.

Zu S. **I, 236**

Bestimmungstabelle wie folgt ändern:

15 (16) 1. Fühlerglied nur 1,10–1,18x so lang wie die Kopfbreite.

15a (15b) Länge des ♂ 4,70–4,75 mm, ♀ unbekannt. Scheitel beim ♂ 1,7x so breit wie das Auge. 93. **Ph. (E.) bleusei** S. I, 243

15b (15a) Länge des ♂ 8,75 mm, ♀ unbekannt. Scheitel 1,5x so breit wie das Auge. 93a. **Ph. (E.) gandalicus** S. 20

16 (15) 1. Fühlerglied 1,25–1,46x so lang wie die Kopfbreite.

16a (16b) Scheitel beim ♂ nur 1,07–1,09x so breit wie das Auge. 93b. **Ph. (E.) mariut** S. 21

16b (16a) Scheitel mindestens 1,2x so breit wie das Auge.

16c (16d) 1. Fühlerglied sehr hell, nur schwach braun gescheckt. Arm der Hypophysis des linken Paramers (Abb. 11i) sehr stark um seine Längsachse gedreht. 93c. **Ph. (E.) gabes** S. 22

16d (16c) 1. Fühlerglied dunkel, mit kleinen hellen Flecken (Abb. I, 171b). Arm der Hypophysis nicht um seine Längsachse gedreht.

17 (18) Wie bisher.

93a. **Phytocoris (Eckerleinius) gandalicus** LINNAVUORI, 1974

Act. Ent. Fenn., Bd. 30, S. 32.

Den Verfassern unbekannt. Nach einem einzelnen ♂ beschrieben. Beschreibung nach LINNAVUORI (l. c.).

Lang, etwa 4x so lang wie die Pronotumbreite. Die Behaarung besteht aus blassen anliegenden und dunklen halbaufgerichteten Haaren. Blaß grau-ockergelb mit dunkler Scheckenzeichnung. Scheitel 1,5x so breit wie das Auge. Zügel vorstehend (!). Fühler lang und schlank; 1. Glied 1,18x so lang wie die Kopfbreite; 2. Glied 1,32x so lang wie die Pronotumbreite, die Basis von Glied 2 und 3 schmal hell (!). Pronotum 1,8x so breit wie der Kopf. Seiten leicht eingebuchtet. Dornen der Schienen hell. Schienen mit schmalen dunklen Ringen, die hellen Zonen fein gescheckt. Das Rostrum reicht bis zu den Hinterhüften. Kammartiges Spikulum der Vesika mit 26 Zähnen.

Länge: ♂ = 8,75 mm, ♀ unbekannt.

An Retama raetam. Imago im Februar.

Aus Ägypten (Wadi Gandali) bekannt.

Es erscheint uns durchaus möglich, daß diese Art in die Untergattung *Eriamiris* E. WAGN. gehört. Manche der angegebenen Merkmale sprechen dafür.

93b. **Phytocoris (Eckerleinius) mariut** LINNAVUORI, 1974

Acta Ent. Fenn., Bd. 30, S. 32.

Den Verfassern gleichfalls unbekannt. Diesmal liegen 2 ♂♂ vor. Beschreibung nach LINNAVUORI (l. c.).

Etwa 4,2x so lang wie die Pronotumbreite. Behaarung wie bei voriger Art, aber vor allem die dunklen Haare viel länger. Grundfarbe mehr bräunlich, die dunkle Zeichnung kräftiger. Scheitel 1,07–1,09x so breit wie das sehr große Auge. Fühler schlank, das 1. Glied 1,25–1,27x so lang wie die Kopfbreite, mit einigen langen hellen Borsten; 2. Glied 1,16–1,24x so lang wie die Pronotumbreite. Pronotum 1,7x so breit wie der Kopf, Seiten fast gerade. Beine wie bei voriger Art, Ringe der Schienen deutlicher. Das Rostrum reicht bis zu den Hinterhüften. Kammartiges Spikulum der Vesika wie bei voriger Art mit 26 Zähnen.

Länge: ♂ = 7,5 mm, ♀ unbekannt.

Wirtspflanze unbekannt. Imagines im März.

Aus Ägypten (Kinji Mariut) bekannt.

Auch diese Art könnte ein *Eriamiris* E. WAGN. sein und steht der vorigen sehr nahe.

11

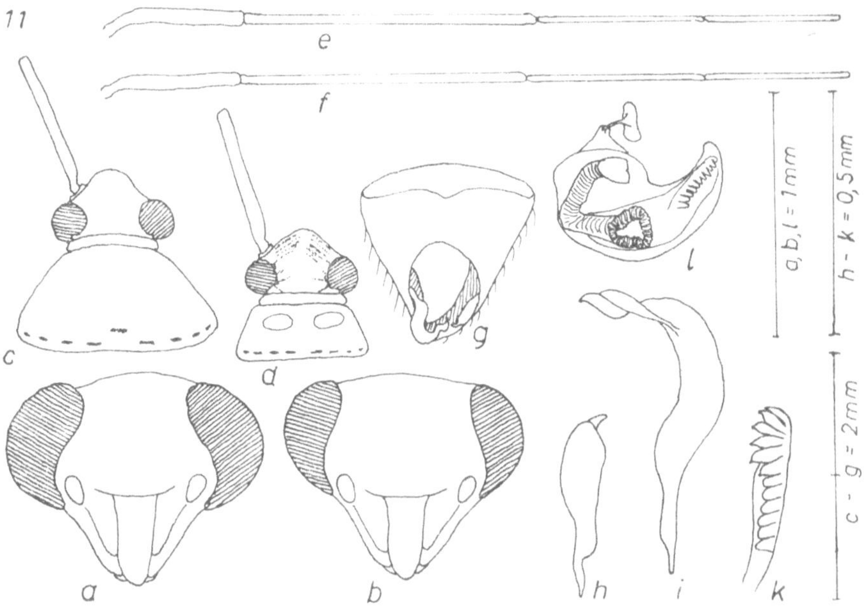

Abb. 11. *Phytocoris (Eckerleinius) gabes* E. Wagn.

a: Kopf des ♂ von vorn – b: dasselbe vom ♀ – c: vorderer Teil des ♂ – d: dasselbe vom ♀ – e: Fühler des ♂ – f: Fühler des ♀ – g: Genitalsegment des ♂ von oben – h: rechtes Paramer von oben – i: linkes Paramer von oben – k: kammartiges Spikulum der Vesika von links – l: Penis von links

93c. **Phytocoris (Eckerleinius) gabes** E. WAGNER, 1977
Reichenbachia, Bd. 16 (22), S. 219–220.

Das ♂ ist makropter und 3,6–3,7x, das ♀ ist brachypter und 3,9–4,0x so lang wie die Pronotumbreite. Hell gelbbraun mit nur geringer dunkler Zeichnung. Behaarung lang und hell. Kopf (Abb. 11a–d) gewölbt. Scheitel beim ♂ 1,35–1,60x, beim ♀ 1,6–1,8x so breit wie das große Auge. Fühler (Abb. 11e–f) sehr lang und schlank, 1. Glied hell, nur schwach gescheckt, bei ♂ und ♀ 1,2–1,3x so lang wie die Kopfbreite; 2. Glied einfarbig hell gelbbraun, an der Basis und in der Mitte etwas aufgehellt, beim ♂ 1,3–1,5x, beim ♀ 1,7–1,8x so lang wie die Pronotumbreite; 3. Glied 0,6–0,7x so lang wie das 2.; das 4. Glied 0,7–0,8x so lang wie das 3., etwas dunkler als dieses. Pronotum (Abb. 11c+d) beim ♂ 1,6x, beim ♀ (brachypter) nur 1,2–1,3x so breit wie der Kopf, vor dem Hinterrand mit 8–9 kleinen, querliegenden Flecken. Halbdecken mit feinen punktartigen Flecken, vor allem an den Adern. Membran mit feinen Punkten. Beim ♀ sind die Halbdecken verkürzt, die Membran sitzt an der Innenseite des Cuneus. Das Rostrum ragt kaum über die Hinterhüften hinaus. Schenkel zum größten Teil braun bis schwarz gescheckt. Schienen mit dunklen Ringen, deren Intensität wechselt. Vorderschienen an Basis und Spitze dunkel, außerdem mit drei dunklen Ringen, an Mittel- und Hinterschienen fehlt der apikale Ring. Tarsen hell, Apikalhälfte des 3. Gliedes dunkel.

Genitalsegment des ♂ (Abb. 11g) kegelförmig. Rechtes Paramer (Abb. 11h) keulenförmig. Linkes Paramer (Abb. 11i) sichelförmig, Arm der Hypophysis stark um seine Längsachse gedreht. Kammartiges Spikulum der Vesika (Abb. 11k) mit 11–12 kräftigen Zähnen.

Länge: ♂ makr. = 6,3–6,5 mm, ♀ brach. = 4,3–5,1 mm.

Die Art lebt an Artemisia herbaalbae ASSO. Imagines im Mai.

Aus Tunesien (Gabes, Biskra) bekannt.

Zu S. **I, 244**

Bei **Phytocoris (Eckerleinius) meinanderi** E. WAGNER, 1968 vor der Längenangabe einfügen:

Genitalsegment des ♂ kegelförmig. Genitalöffnung (Abb. I, 174l) ohne Fortsätze oder Zähne. Rechtes Paramer (Abb. I, 174d) schlank, Hypophysis kaum abgesetzt. Linkes Paramer (Abb. I, 174e) fast rechtwinklig gebogen, Arm der Hypophysis fast gerade, verjüngt, aber nicht um seine Längsachse gedreht. Hypophysis breit, kurz, fast kreisrund, distal eine feine Spitze. Kammartiges Spikulum der Vesika (Abb. I, 174f) groß, mit 21 kleineren, engsitzenden Zähnen.

Zu **S. I, 251**

Bestimmungstabelle wie folgt ändern:

3 (2) Wie bisher.

3a (3b) Hinterecken des Pronotum blattartig ausgebreitet, vor dem Hinterrand keine dunkle Querbinde (Abb. 13c). 1. Fühlerglied 1,33x so lang wie die Kopfbreite. 104a. **Ph. (Er.) humeralis** S. 23

3b (3a) Hinterecken des Pronotum nicht blattartig ausgebreitet.

4 (13) Wie bisher.

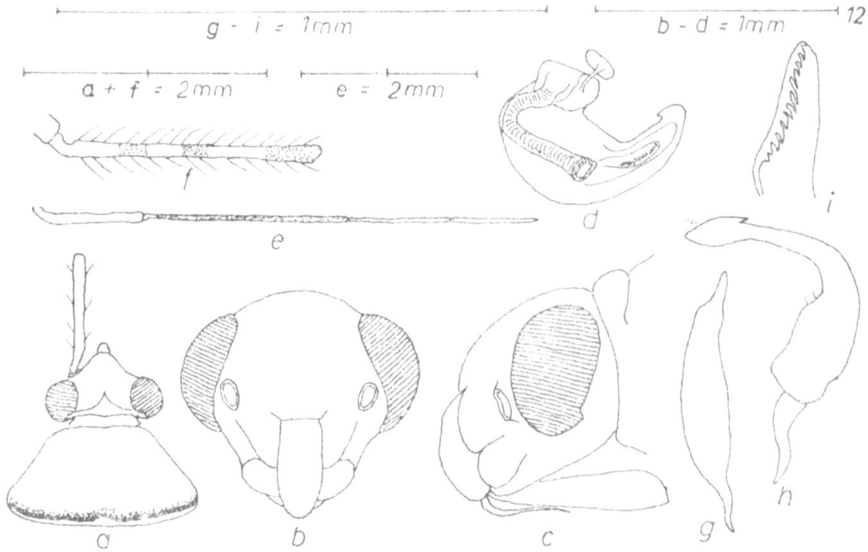

Abb. 12. *Phytocoris (Eriamiris) kamus* E. Wagn., ♂

a Kopf und Pronotum von oben – b Kopf von vorn – c Kopf von links – d: Penis von links – e Fühler – f Vorderschiene – g rechtes Paramer von oben – h linkes Paramer von oben – i: kammartiges Spikulum der Vesika von rechts

104a. **Phytocoris (Eriamiris) humeralis** E. WAGNER, 1976

Reichenbachia, Bd. 16 (6), S. 87–88.

Männchen: Schlank, 3,5x so lang wie die Pronotumbreite. Hell gelblich mit geringer dunkler Zeichnung. Alle Haare weißlich, im vorderen Teil des Tieres sehr lang. Kopf von vorn gesehen (Abb. 13a) etwas höher als breit. Scheitel 1,8x so breit wie das Auge. Fühler (Abb. 13d) schlank, hell. 1. Glied mit sehr langen, hellen Borsten, 1,33x so lang wie die Kopfbreite, 2. Glied 1,3x so lang wie die Pronotumbreite. Pronotum ungezeichnet, seine Hinterecken blattartig ausgebreitet (Abb. 13c). Corium mit schwacher Zeichnung, die aus feinen Punkten besteht. Cuneus einfarbig hell. Das Rostrum überragt die Hinterhüften ein wenig. Beine hell. Hinterschenkel dunkel gescheckt. Schienen mit feinen hellen Dornen und Spuren dunkler Ringe.

Rechtes Paramer (Abb. 13e) schlank, Hypophysis leicht gekrümmt. Linkes Paramer (Abb. 13f) sichelförmig, Arm der Hypophysis plötzlich verjüngt, letztere proximal mit großer, rückwärts gerichteter Ecke, Sinneshöcker schwach entwickelt. Spikulum der Vesika (Abb. 13g) membranös, eine stärker chitinisierte Randleiste trägt zahlreiche Zähne.

Länge: ♂ = 5,75 mm, ♀ unbekannt.

Aus der Türkei (Bilecik) bekannt. Imagines im Juni.

Zu S. **I, 252**

In der Bestimmungstabelle hinter 8 (7) einfügen:

8a (8b) 1. Fühlerglied nur 1,24x so lang wie die Kopfbreite. Halbdecken ohne Scheckenzeichnung. 103a. **Ph. (Er.) kamus** S. 24

8b (8a) 1. Fühlerglied 1,35–1,50x so lang wie die Kopfbreite. Halbdecken mit Scheckenzeichnung.

9 (10) Wie bisher.

103a. **Phytocoris (Eriamiris) kamus** E. WAGNER, 1975

Reichenbachia, Bd. 15 (36), S. 293–294.

Männchen: Schlank, 3,75x so lang wie die Pronotumbreite. Hell gelbgrau. Behaarung sehr lang und hell. Halbdecken nur am Membranrand nahe dem Innenwinkel des Cuneus jederseits mit einem kleinen dunklen Punkt. Kopf vor dem Hinterrand des Scheitels mit 2 bogenförmigen Querfurchen, die in der Mitte nach vorn gebogen sind und sich dort treffen (Abb. 12a). Scheitel gewölbt, 1,43x so breit wie das flache Auge (Abb. 12a+b). Zügel stark geschwollen. 1. Fühlerglied dunkel gescheckt, 1,24x so lang wie die Kopfbreite; 2. Fühlerglied bräunlich, an der Basis mit hellem Ring, 1,4x so lang wie die Pronotumbreite. Pronotum trapezförmig (Abb. 12a), vor dem Hinterrand eine dunkle Querbinde. Schwielen rund, durch eine Querfurche miteinander verbunden. Beine von Körperfarbe, Schenkel mit dunkler Zeichnung und mit sehr langen Haaren. Schienen (Abb. 12f) mit dunklen Ringen. Das Rostrum reicht bis zum 5. Sternit.

Rechtes Paramer (Abb. 12g) schlank, Hypophysis gerade. Linkes Paramer (Abb. 12h) sichelförmig, Hypophysis lang-oval, proximal mit feiner, rückwärts gerichteter Spitze. Kammartiger Anhang der Vesika (Abb. 12i) membranös mit Ausnahme des unteren Randes, der eine stark chitinisierte Leiste trägt, die mit etwa 13 kräftigen Zähnen besetzt ist.

Länge: ♂ = 6,25 mm, ♀ unbekannt.

In Syrien (Kamechlie) von ECKERLEIN gefunden.

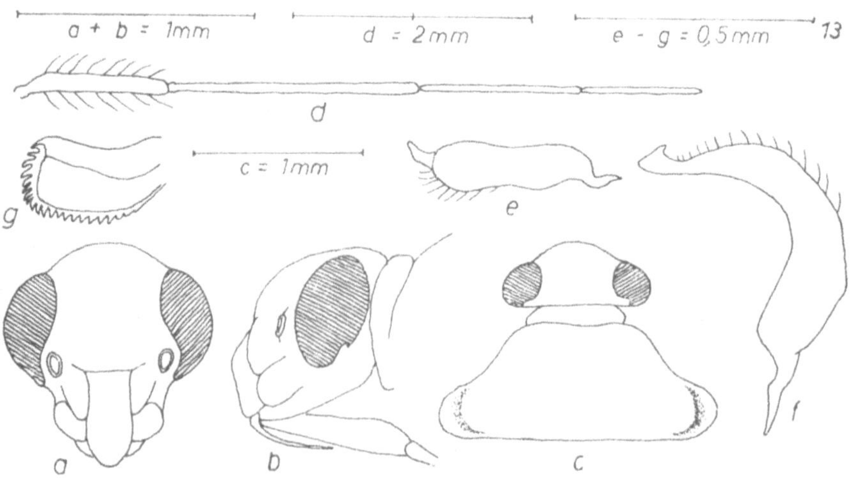

Abb. 13. *Phytocoris (Eriamiris) humeralis* E. Wagn., ♂

a: Kopf von vorn – b: Kopf von links – c: Kopf und Pronotum von oben– d: Fühler – e: rechtes Paramer von oben – f: linkes Paramer von oben – g: kammartiges Spikulum der Vesika von rechts

Zu S. **I, 259**

In der Bestimmungstabelle ändern:

5 (6) Halbdecken weißlich oder hellgelb, mit Punkten bedeckt. Scheitel 1,50–1,65x so breit wie das Auge.

5a (5b) ♂ 4,3–4,4x so lang wie die Pronotumbreite. Scheitel 1,5x so breit wie das Auge. Weißlich, Fühler und Beine rot gezeichnet. 108. **Ph. (S.) atomophorus** S. I, 259 und S. 25

5b (5a) ♂ 3,5x so lang wie die Pronotumbreite. Scheitel 1,65x so breit wie das Auge. Beine und Fühler bräunlich gezeichnet. 108a. **Ph. (S.) subpallidus** S. 26

6 (5) Halbdecken gelb- oder rotbraun, mit dunkler Scheckenzeichnung. Scheitel höchstens 1,33x so breit wie das Auge.

6a (6b) Pronotum hinten mit dunkler Querbinde. Das Rostrum erreicht die Basis des Genitalsegments. 3. Fühlerglied hell. 110a. **Ph. (S.) hartigi** S. 27

108. **Phytocoris (Soosocapsus) atomophorus** REUTER, 1900

Hinter der Überschrift dem Zitat anfügen:

E. WAGNER 1975, Notul. Ent., Bd. 55, S. 59–60. ♀.

und vor der Längenangabe einfügen:

W e i b c h e n : Brachypter (Abb. 16a), schlank, 4,1x so lang wie die Pronotumbreite. Kopf (Abb. 16c–e) wie beim ♂. Scheitel 2x so breit wie das Auge. Fühler (Abb. 16b)

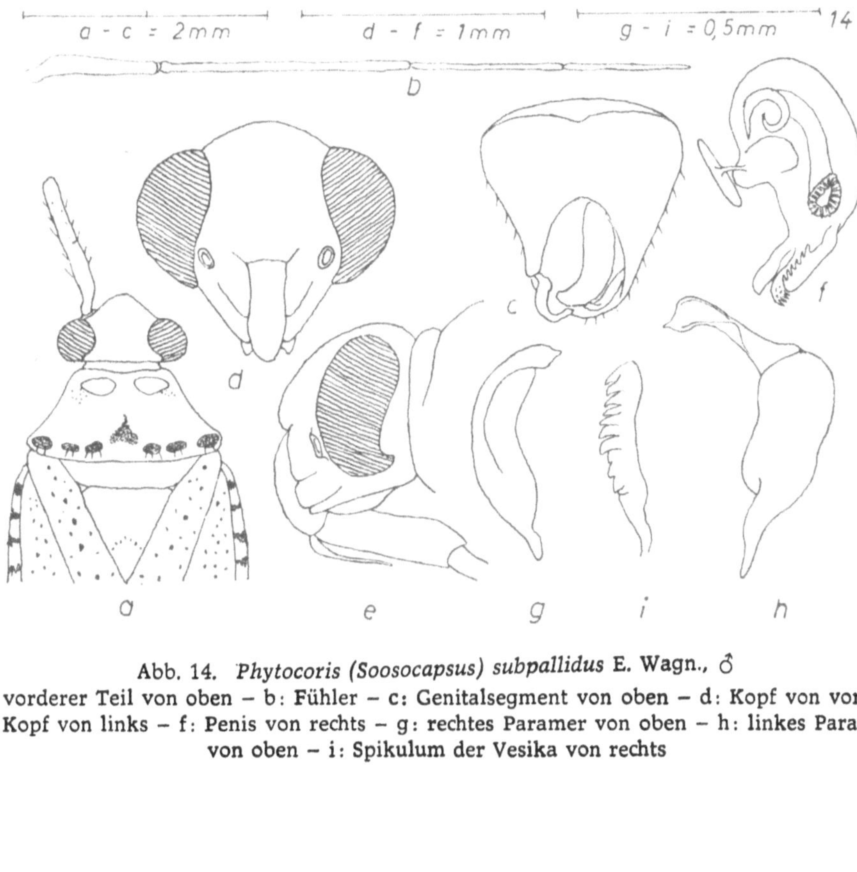

Abb. 14. *Phytocoris (Soosocapsus) subpallidus* E. Wagn., ♂

a: vorderer Teil von oben – b: Fühler – c: Genitalsegment von oben – d: Kopf von vorn – e: Kopf von links – f: Penis von rechts – g: rechtes Paramer von oben – h: linkes Paramer von oben – i: Spikulum der Vesika von rechts rötlich, 1. Glied 1,1x so lang wie die Pronotumbreite; 2. Glied fast 2x so lang wie dieselbe. Pronotum (Abb. 16c) trapezförmig, nach hinten nur wenig verbreitert, nur 1,2x so breit wie der Kopf. Hinterrand ohne Höcker. Halbdecken stark verkürzt, sehr schmal (Abb. 16a), hinten spitz gerundet. Cuneus nicht zu erkennen, Membran nur ein schmaler Saum an der Innenseite. Abdomen breiter als die Halbdecken, Connexivum aufgebogen. Sonst wie das ♂.

Länge: ♀ brach. = 4,5 mm.

An Thymelaea microphylla COSS. et DUV. Imagines im Mai.

In Algerien (100 km S von Biskra) gefunden.

108a. **Phytocoris (Soosocapsus) subpallidus** E. WAGNER, 1975

Notul. Ent., Bd. 55, S. 60–62.

Männchen: 3,5x so lang wie die Pronotumbreite. Hell ockergelb, mit spärlicher schwarzer Fleckung. Behaarung fein, hell und anliegend, im hinteren Teil des Pronotum und der Halbdecken halbaufgerichtete schwarze Haare. Scheitel (Abb. 14d) 1,65x so breit wie das Auge. Tylus stark gekrümmt (Abb. 14e). Kehle schräg. Fühler (Abb. 14b) hell gelbbraun; 1. Glied schlank, mit hellen Borsten; 2. Glied 1,14x so lang wie die Pronotumbreite; 3. Glied 0,5x so lang wie das 2. Vor dem Hinterrand des Pronotum (Abb. 14a) 6 Buckel, die kurze, schwarze Borstenhaare tragen. Scutellum nur mit einigen schwarzen Punkten. Halbdecken unregelmäßig punktiert, Exocorium mit alternierenden hellen und schwarzen Flecken (Abb. 14a). Das Rostrum ragt kaum über die Hinterhüften hinaus. Beine hell, Hinterschenkel im Apikalteil dunkel gescheckt. Schienen mit grauen Dornen und undeutlichen Ringen; Vorderschienen mit 2 Ringen

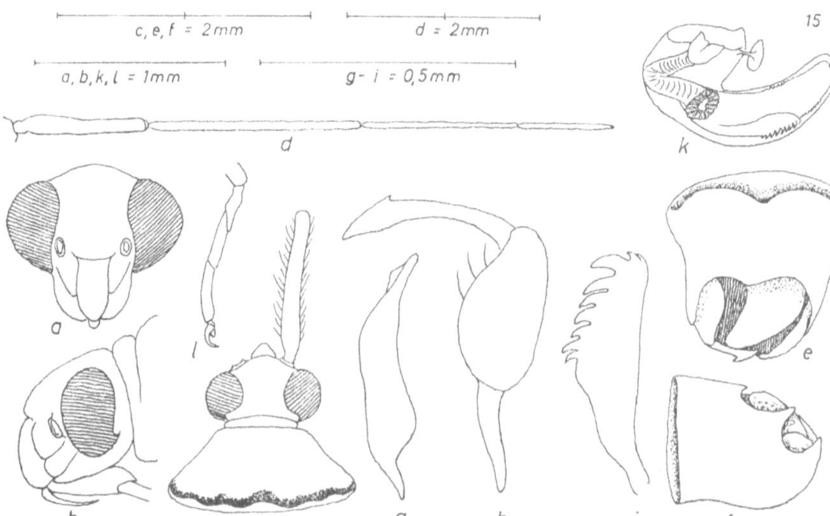

Abb. 15. *Phytocoris (Soosocapsus) hartigi* E. Wagn., ♂

a: Kopf von vorn – b: Kopf von links – c: Kopf und Pronotum von oben – d: Fühler – e: Genitalsegment von oben – f: dasselbe von links – g: rechtes Paramer von oben – h: linkes Paramer von oben – i: kammartiges Spikulum der Vesika von rechts – k: Penis von links – l: Hinterfuß

und dunkler Spitze, Mittelschienen mit 3 Ringen, Hinterschienen im Basalteil mit 2 Ringen.

Genitalsegment (Abb. 14c) kegelförmig. Öffnung groß, am linken Rand ein kurzer Fortsatz. Rechtes Paramer (Abb. 14g) gekrümmt, Hypophysis mit kleiner Spitze. Linkes Paramer (Abb. 14h) sichelförmig, Hypophysis mit kleiner Spitze, Paramerenkörper robust. Kammartiges Spikulum der Vesika (Abb. 14i) mit 9–10 groben Zähnen.

Länge: ♂ = 6,1–6,5 mm, ♀ unbekannt.

Imagines im Mai.

Bisher nur aus Algerien bekannt.

Zu S. **I, 259**

110a. **Phytocoris (Soosocapsus) hartigi** E. WAGNER, 1974

Boll. Soc. Ent. Ital., Bd. 105 (7–8), S. 117–118.

Langgestreckt, das ♂ 3,5–3,7x, das ♀ 3,26x so lang wie die Pronotumbreite. Hellgelb bis bräunlich mit dunkelbrauner Zeichnung. Behaarung hell, im hinteren Teil des Pronotum schwarze Haare. Scheitel (Abb. 15a+c) beim ♂ 1,3–1,4x, beim ♀ 2,25x so breit wie das Auge. Fühler (Abb. 15d) hell, 1. Glied braun gescheckt, 0,85x so lang wie die Pronotumbreite; 2. Glied 1,5–1,7x so lang wie die Pronotumbreite. Pronotum vor dem Hinterrand mit 6 Buckeln, über die eine wellige, schmale Querbinde verläuft (Abb. 15c). Scutellum oft mit dunklem Mittelstreif. Halbdecken mit verschwommener Scheckenzeichnung. Exocorium mit alternierenden hellen und dunklen Flecken. Innenrand und Spitze des Cuneus dunkel gefleckt. Das Rostrum erreicht beim ♂ die Basis des Genitalsegments, beim ♀ die Mitte des Bauches. Schenkel im Apikalteil dunkel

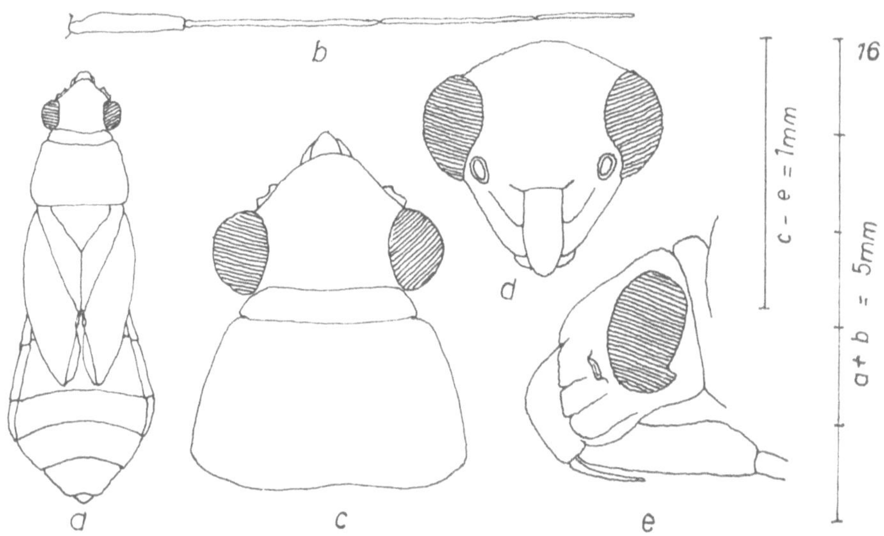

Abb. 16. *Phytocoris (Soosocapsus) atomophorus* Reut., ♀
a: Gestalt – b: Fühler – c: Kopf und Pronotum von oben – d: Kopf von vorn – e: Kopf von links

mit hellen Flecken. Schienen mit hellgrauen Dornen. An den Hintertarsen (Abb. 15j) sind das 2. und 3. Glied gleich lang.

Genitalsegment (Abb. 15e+f) kurz. Genitalöffnung am linken Rand mit rückwärts gerichtetem Fortsatz. Rechtes Paramer (Abb. 15g) schlank, gleichmäßig verjüngt. Linkes Paramer (Abb. 15h) mit schlankem Hypophysisarm. Hypophysis proximal mit spitzer Ecke. Kammartiger Anhang der Vesika mit 7–8 Zähnen (Abb. 15i).

Länge: ♂ = 5,1–5,6 mm, ♀ = 4,9 mm.

Lebensweise unbekannt. Imagines im Juli.

Bisher nur auf Sardinien gefangen.

? **Phytocoris (?) digla** LINNAVUORI, 1974

Act. Ent. Fenn., Bd. 30, S. 33.

Eine höchst zweifelhafte Art! Nach einem einzelnen ♂ beschrieben, dem überdies die Fühler völlig fehlen. Es ist unverständlich, wie LINNAVUORI auf ein so stark beschädigtes Einzelstück eine Art begründen konnte!

Langgestreckt, etwa 4,6x so lang wie die Pronotumbreite. Blaß grau-ockergelb. Behaarung der Oberseite lang, dicht und blaß. Lorae stumpfwinklig vorstehend. Tylus von der Stirn durch eine tiefe Einkerbung getrennt. Scheitel 1,26x so breit wie das Auge. Pronotum 1,6x so breit wie der Kopf, hinter den Schwielen breit hell; vor dem Hinterrand keine dunkle Querbinde. Scutellum in der Mitte braun gezeichnet. Halbdecken braun gescheckt. Beine hell ockerfarben. Schenkel im Apikalteil dunkel gescheckt. Vorder- und Mittelschienen mit dunklen Ringen. Das Rostrum reicht bis zu den Hinterhüften. Ränder der Genitalöffnung ohne Fortsätze. Linkes Paramer mit dreieckiger Hypophysis, die eine rückwärts gerichtete Spitze trägt. Kammartiges Spikulum membranös, am Rand mit einer Chitinleiste, die 10 kräftige Zähne trägt.

Länge: ♂ = 7,75 mm, ♀ unbekannt.

Es ist unmöglich, diese Art einzuordnen. LINNAVUORI stellte sie zu *Eriamiris* E. WAGNER. Das dürfte jedoch falsch sein. Die Kopfform spricht für eine Einordnung bei *Soosocapsus* E. WAGNER. Sie stimmt mit derjenigen von *Ph. (S.) lesnei* REUT. weitgehend überein. Diese Art zeigt sogar die stumpfwinklig vorstehenden Zügel, wie LINNAVUORI sie abbildete. Auch die Scheitelbreite und die Form von Stirn und Tylus stimmen überein. Das linke Paramer und das kammartige Spikulum der Vesika weichen jedoch in ihrer Gestalt ab.

Aus Ägypten (Wadi Digla) bekannt.

Zu **S. I, 274**

Bestimmungstabelle wie folgt ändern:

14 (11) Vorderer Teil des Tieres nicht einheitlich gefärbt. Scutellum in der Regel mit dunkler Zeichnung, ebenso der Clavus.

15 (18) Das Rostrum erreicht oder überragt die Hinterhüften.

15a (15b) Scheitel sehr schmal, beim ♀ 0,78x so breit wie das Auge. Oberseite matt. 7a. **M. andromakhe** S. 29

15b (15a) Scheitel beim ♀ stets mehr als 1,0x so breit wie das Auge.

16 (17) Wie bisher.

7a. **Megacoelum andromakhe** LINNAVUORI, 1974

Act. Ent. Fenn., Bd. 30, S. 27.

Den Verfassern unbekannt. Nach einem einzelnen ♀ beschrieben. Beschreibung nach LINNAVUORI (l. c.).

Weißlich ockergelb, mit rötlicher Zeichnung. Matt. Hell behaart. Scheitel mit Längsfurche, 0,78x so breit wie das Auge. Fühler hellgelblich; 1. Glied dick, mit schwarzen Borsten; 2. Glied 1,48x so lang wie die Pronotumbreite. Das Rostrum überragt die Hinterhüften. Beine dick. Hinterschienen außen mit schwarzen Borsten. Das Rostrum überragt die Hinterhüften.

Länge: ♀ = 7,5 mm, ♂ unbekannt.

An Haloxylon schweinfurthi. Imago im September.

Aus Ägypten (Sinai) bekannt.

Zu S. **I, 283**

Bestimmungstabelle wie folgt ändern:

3 (4) 1. Fühlerglied 0,67x so lang wie die Kopfbreite (Abb. I, 203a).

3a (3b) 1. und 2. Fühlerglied schwarz (Abb. I, 203b). Seiten des Bauches am Grunde nicht rot gefleckt. 1. **A. seticornis** S. I, 285

3b (3a) 1. Fühlerglied rot oder braun. Die ersten Ventralsegmente an der Seite mit rotem Fleck. 1a. **A. jakovleffi** S. 29

1a. **Adelphocoris jakovleffi** (REUTER), 1877

Lang, schwarz, glänzend. Behaarung hell. Scheitel beim ♂ etwas schmaler, beim ♀ etwas breiter als das Auge. Fühler schlank, schwarz, das 1. Glied rot oder braun; 2. Glied beim ♂ etwas länger, beim ♀ so lang wie die Pronotumbreite; beide Endglieder braun. Pronotum schwarz, Halsring und Hinterrand gelbbraun, oft auch eine mittlere Längslinie. Scutellum schwarz. Halbdecken braun, oft teilweise schwarz; Cuneus rötlich, Spitze schwarz. Unterseite schwarz, die beiden ersten Ventralsegmente an den Seiten mit rotem Fleck. Schenkel rot bis rotbraun, ebenso die Schienen, Dornen der Schienen schwarz. Das Rostrum reicht kaum bis zu den Mittelhüften.

Länge: ♂ = 8,0–8,5 mm, ♀ = 7,1–7,5 mm.

Neuerdings von HEINZE und SCHUBERT in der Osttürkei (Sef Dagh, Tal von Oramar, 1800 m, und Semdinli) gefunden. Imagines im Juli.

Zu S. **I, 285**

Bestimmungstabelle wie folgt ändern:

20 (19) Cuneus einfarbig, von gleicher Farbe wie die Halbdecken.

20a (20b) Scheitel beim ♂ 1,3–1,4x, beim ♀ 1,6–1,7x so breit wie das Auge. Nur der Tylus schwarz. Kammartiges Spikulum (Abb. 17n) innen proximal mit vorstehender Ecke, die mit zahlreichen Zähnen besetzt ist. 10. **A. ticinensis** S. I, 290

20b (20a) Scheitel beim ♂ 0,8–0,9x, beim ♀ 1,5x so breit wie das Auge. Stirn mit schwarzem Mittelstreif, auch der Tylus schwarz. Kammartiges Spikulum (Abb. 17c) proximal ohne Ecke, dort mit wenigen Zähnen. 10a. **A. suturalis** S. 30

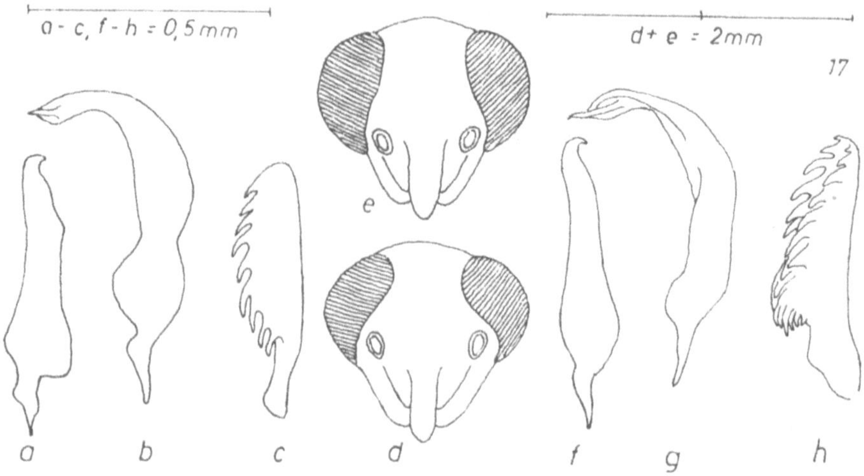

Abb. 17. *Adelphocoris suturalis* Jak. (a–d) und *A. ticinensis* M.-D. (e–h)
a+f: rechtes Paramer von oben – b+g: linkes Paramer von oben – c+h: kammartiges Spikulum der Vesika seitlich – d+e: Kopf von vorn

10a. **Adelphocoris suturalis** (JAKOVLEFF), 1882

Spec. propr.: LINNAVUORI 1963, Acta Ent. Fenn., Bd. 29 (2), S. 77–78.

Etwas kleiner als *A. ticinensis* M.-D., aber von gleichem Aussehen. Scheitel beim ♂ 0,8–0,9x, beim ♀ 1,5 x so breit wie das Auge (Abb. 17d). Die schwarze Zeichnung am Kopf ist auf die Stirn ausgedehnt und bildet dort einen großen, runden Fleck. Das kammartige Spikulum der Vesika (Abb. 17c) ist an der Vorderkante gleichmäßig gerundet und trägt nur wenige (9) kräftige Zähne. Am linken Paramer (Abb. 17b) ist die leistenartige Spitze viel kürzer und der Sinneshöcker stärker gewölbt. Auch das rechte Paramer (Abb. 17a) hat proximal einen stärker vorstehenden Höcker. Sonst wie *A. ticinensis* M.-D.

Länge: ♂ = 7,3 mm, ♀ = 6,5 mm.

Die Art wurde neuerdings in der Türkei (Rize) von ÖNDER gefangen. Sie ist bis Ostsibirien verbreitet.

Zu S. I, 306

Bestimmungstabelle ab 4 (3) wie folgt ändern:

4 (3) 1. Fühlerglied 0,54–0,68x so lang wie die Kopfbreite (Abb. I, 220a+h). Scheitel beim ♂ 0,82–0,88x so breit wie das Auge.

4a (4b) Behaarung schwarz, mit einzelnen hellen Haaren. 2. Fühlerglied beim ♂ 1,5–1,6x so lang wie die Pronotumbreite. Behaarung des 1. Fühlergliedes schwarz und dicht (Abb. I, 192f+g). Das Rostrum erreicht die Mittelhüften.
6a. **C. (C.) caucasicus** S. 31

4b (4a) Behaarung sehr fein und hell, oft mit einzelnen schwarzen Haaren, vor allem am Außenrand der Halbdecken. Auch das 1. Fühlerglied spärlich, fein und in der Regel hell behaart. 2. Fühlerglied nur wenig länger als die Pronotumbreite. Das Rostrum reicht kaum bis zum Ende der Mittelbrust.

5 (6) Größer. Grundfarbe weißlich ockergelb. Auge grau. 1. Fühlerglied (Abb. I, 220a) 0,61–0,63x so lang wie die Kopfbreite. Fühler nicht rötlich.
7. **C. (C.) tegularis** S. I, 307

6 (5) Kleiner und schlanker. Färbung weiß oder grün. Auge schwarz. 1. Fühlerglied 0,51–0,57x so lang wie die Kopfbreite. Fühler oft rötlich.

7 (8) Adern der Membran rot, oft auch der Membranrand von Corium und Cuneus. Scheitel beim ♂ 1,1x, beim ♀ 1,2x so breit wie das Auge.
7a. **C. (C.) demeter** S. 31

8 (7) Adern der Membran weißlich. Scheitel beim ♂ 0,87x, beim ♀ 1,2–1,3x so breit wie das Auge. Der in Iran lebende **C. (C.) iranus** E. WAGN.

6a. **Calocoris (Calocorisellus) caucasicus** (POPPIUS), 1912

Creontiades caucasicus POPPIUS, 1912, Öfv. Fin. Vet. Soc. Förh., Bd. 54 (29), S. 6–7; E. WAGNER 1962, Ent. Ber., Bd. 22, S. 77–79; *Calocoris* id. LINNAVUORI 1974, Act. Ent. Fenn., Bd. 30, S. 28–29.

Lang-oval, hell graugrünlich bis weißlichgrau. Behaarung fein und dunkel, mit feinen hellen Haaren, vor allem im vorderen Teil. Kopf breiter als hoch. Scheitel beim ♂ 0,82–0,88x so breit wie das ungewöhnlich große Auge (Abb. I, 192f). 1. Fühlerglied 0,62–0,69x so lang wie die Kopfbreite. Behaarung schwarz und dicht; 2. Glied 1,5–1,6x so lang wie die Pronotumbreite, schlank. Tegula schwarz oder schwarzbraun. Hinterschenkel im Apikalteil mit kleinen braunen Flecken. Schienen mit feinen, schwarzen Dornen. Das Rostrum erreicht die Mitte der Mittelhüften. Genitalien des ♂ denjenigen von *C. (C.) tegularis* REUT. (Abb. I, 219c–f) recht ähnlich.

Länge: ♂ = 7,3–7,5 mm, ♀ unbekannt.

Die Beschreibung der Art unter dem Namen *Creontiades caucasicus* POPP. (S. I, 270) ist nicht mehr brauchbar, da zur Zeit ihrer Abfassung *Calocoris demeter* LINNAV. noch nicht abgetrennt war. Sie enthält auch Merkmale dieser Art. Vor allem gehört das dort beschriebene ♀ zu letzterer Art. Auch die Fundortangaben Ägypten und Arabien beziehen sich auf *C. demeter* LINNAV. Die Angaben Syrien und Israel müßten nachgeprüft werden. *C. caucasicus* POPP. wurde aus Kaukasien beschrieben und bisher nur dort nachgewiesen.

7a. **Calocoris (Calocorisellus) demeter** LINNAVUORI, 1974

Acta Ent. Fenn., Bd. 30, S. 29. *Creontiades caucasicus* POPPIUS partim; E. WAGNER 1962, Ent. Ber., Bd. 22, S. 77–79 (♀); PRIESNER, H. u. E. WAGNER 1961, Bull. Soc. Ent. Égypte, Bd. 45, S. 332.

Lang-oval, von gleicher Gestalt wie *C. iranus* E. WAGN. Hell graugrünlich bis weißlichgrau. Behaarung fein und hell, am Außenrand der Halbdecken, vor allem im hinteren Teil, auch schwarze Haare. Adern der Membran, oft auch der Membranrand von Corium und Cuneus rot. Kopf kurz, geneigt. Scheitel beim ♂ 1,1x (LINNAVUORI gibt 0,87x an), beim ♀ 1,2x so breit wie das schwarze Auge. Fühler oft rötlich. 1. Glied mit feinen, schwarzen Haaren, 0,56–0,57x so lang wie die Kopfbreite; 2. Glied beim ♂ 1,06–1,11x, beim ♀ 0,95x so lang wie die Pronotumbreite. Pronotum 1,85x so breit wie der Kopf. Scutellum groß. Tegula schwarz. Unterseite hell behaart. Das Rostrum erreicht die Basis der Mittelhüften. 3. Glied der Hintertarsen länger als das 2. Glied. Genitalsegment des ♂ klein, kegelförmig, Ränder der Genitalöffnung ohne Fortsätze. Rechtes Paramer (Abb. I, 194e) schlank, in der Mitte eingeschnürt, Hypophysis gerade.

Linkes Paramer (Abb. I, 194f) mit großer, runder Hypophysis, die eine kleine Spitze trägt. Basalteil schwach entwickelt, mit flachem Sinneshöcker. Spikulum der Vesika klein und einfach.

Länge: ♂ = 6,5–7,0 mm, ♀ = 6,3–6,6 mm.

C. demeter LINNAV. wurde nach einem einzelnen ♂ aus Saudi-Arabien (El Rijadh) beschrieben, das LINNAVUORI aus der Sammlung ECKERLEIN mitgenommen hatte. In der Sammlung ECKERLEIN befindet sich weiteres Material, darunter 1 ♀, das WAGNER untersucht hat. Weitere Tiere der Art (♂♂ + ♀♀) fing PRIESNER in Ägypten (Meadi). Sie wurden gleichfalls für diese Beschreibung herangezogen.

Zu **S. I, 379**

Bestimmungstabelle wie folgt ändern:

4 (5) Scutellum rot, selten die Spitze gelb oder grün.

4a (4b) Scheitel etwa 2x so breit wie das Auge. Der gezähnte Anhang der Vesika trägt eine Spitze. Spikulum mit großem Zahn vor der Spitze (Abb. I, 276f). 2. **D. intermedius** S. I, 381

4b (4a) Scheitel 1,4–1,6x so breit wie das Auge (Abb. 18a+b). Der gezähnte Anhang der Vesika (Abb. 18i) hat keine Spitze. Spikulum mit einem winzigen Zahn. (Abb. 18h). 2a. **D. inermis** S. 33

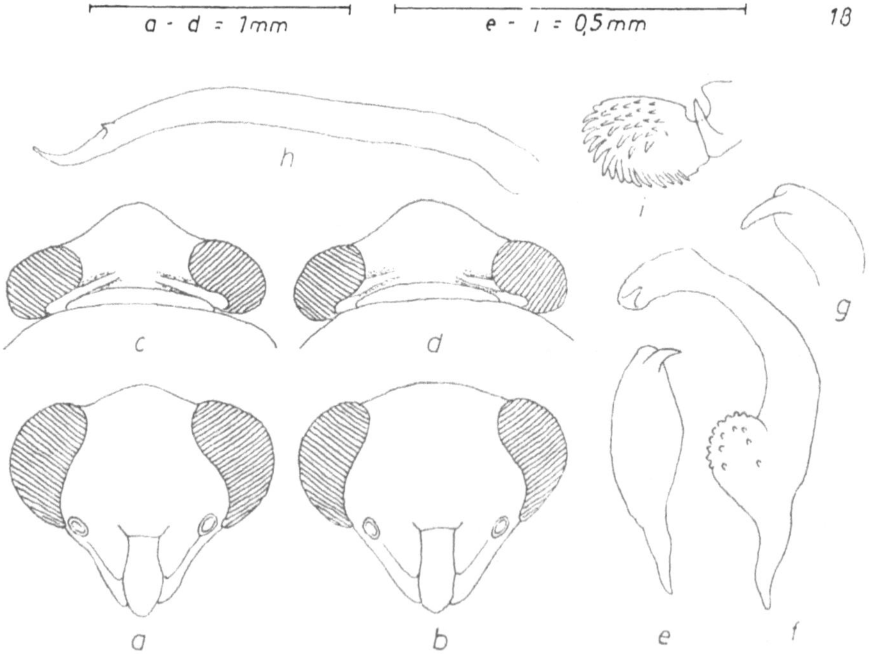

Abb. 18. *Dichrooscytus inermis* E. Wagn.

a: Kopf des ♂ von vorn – b: dasselbe vom ♀ – c: Kopf des ♂ von oben – d: dasselbe vom ♀ – e: rechtes Paramer von oben – f: linkes Paramer von oben – g: Apikalteil desselben von rechts – h: Spikulum der Vesika seitlich – i: gezähnter Anhang der Vesika

2a. **Dichrooscytus inermis** E. WAGNER, 1974

Beaufortia, Bd. 21 (284), S. 165–167.

Noch etwas kleiner, 3,0 – 3,1x so lang wie die Pronotumbreite. Behaarung sehr fein und schwarz. Scheitel beim ♂ 1,4 – 1,5x, beim ♀ 1,5 – 1,6x so breit wie das Auge (Abb. 18a – d). Fühler hell, 2. Glied 1,0 – 1,1 x so lang wie die Pronotumbreite und kürzer als die beiden Endglieder zusammen; letztere bräunlich verdunkelt. Scutellum und Halbdecken rot, nur der Außenrand von Corium und Cuneus gelb. Membran hell rauchbraun, Adern rot. Das Rostrum erreicht die Spitze der Hinterhüften. Dornen der Schienen braun. An den Hintertarsen ist das 3. Glied 1,25x so lang wie das 2. Glied.

Rechtes Paramer (Abb. 18e) keulenförmig, Hypophysis spitz. Linkes Paramer (Abb. 18f) sichelförmig, Hypophysis nach oben gerichtet, leicht gekrümmt (Abb. 18g), Sinneshöcker rund, mit kleinen Höckern besetzt. Spikulum (Abb. 18h) lang, nur schwach gekrümmt, der apikale Zahn sehr klein. Gezähnter Anhang der Vesika (Abb. 18i) breit oval, ohne Spitze.

Länge: ♂ = 4,35 – 4,50 mm, ♀ = 4,6 – 4,8 mm.

Die Art lebt an Juniperus. Imagines im Mai.

Bisher nur auf der Insel Zypern in 1400 – 1600 m Höhe gefangen.

Zu **S. I, 380**

Bestimmungstabelle wie folgt ändern:

7 (8) Auge ungewöhnlich klein, Scheitel beim ♂ 2,0 – 2,3x, beim ♀ 2,4 – 3,0x *) so breit wie das Auge. Spitze des Cuneus nicht schwarz. 3. **D. bulgaricus** S. I, 382

8 (7) Auge normal (Abb. I, 272b+d), Scheitel beim ♂ 1,35 – 1,65x, beim ♀ 1,5 – 1,8x so breit wie das Auge. Spitze des Cuneus oft schwarz.

8a (8b) Spikulum der Vesika einfach, mit nur 1 Spitze. Cuneus nicht mit schwarzer Spitze. Scheitel (nach JOSIFOV) beim ♂ 1,50 – 1,62x, beim ♀ 1,6 – 1,8x so breit wie das Auge. 3a. **D. seidenstückeri** S. 33

8b (8a) Spikulum distal stark umgebogen, an der Krümmungsstelle ein Fortsatz oder Zahn, so daß 2 Spitzen vorhanden sind (Abb. I, 272g). Scheitel beim ♂ 1,35 – 1,48x, beim ♀ 1,50 – 1,75x so breit wie das Auge, Spitze des Cuneus schwarz.

9 (10) Wie bisher.

3a. **Dichrooscytus seidenstückeri** JOSIFOV, 1974

Reichenbachia, Bd. 15 (20), S. 151–153; Syn. *D. cyprius* SEID., non LINDBG. 1954, Rev. Fac. Sci. Istambul, Bd. 19 (3), S 223–226.

Gelblich, Kopf und Pronotum grün, Halbdecken und Scutellum oft rötlich gefleckt oder getönt. Spitze des Scutellum stets grünlich oder gelblich. Behaarung schwarz, auch an den Schienen. Scheitel (nach JOSIFOV) beim ♂ 1,50 – 1,62x, beim ♀ 1,6 – 1,8x so breit wie das Auge. 2. Fühlerglied 1,0 – 1,1x so lang wie die Pronotumbreite. Scutellum oft mit weißlicher Mittellinie. Cuneus mit rötlicher Spitze. Das Rostrum reicht bis zu den Hinterhüften. Spikulum der Vesika nur wenig und gleichmäßig gekrümmt, mit nur

* JOSIFOV (1959) kam zu anderen Ergebnissen, aber der Verfasser hat Paratypoide gemessen.

1 Spitze. Der membranöse Teil der Vesika trägt distal einen kräftigen, gekrümmten, stark chitinisierten Anhang.

Länge: ♂, ♀ = 3,3–4,0 mm.

An Juniperus excelsa. Imagines im Mai–Juni und im August–September. Diese Art tritt in 2 Generationen auf, von denen die Sommergeneration erheblich größer (♂ = 4,4 bis 4,6 mm lang) ist und längere Extremitäten hat. So ist das 2. Fühlerglied 1,3–1,5x so lang wie die Pronotumbreite. Der Scheitel ist bei ihr (nach JOSIFOV) beim ♂ nur 1,04–1,12x so breit wie das Auge. Sonst wie die Frühjahrsgeneration.

Aus der Türkei und aus dem SO der UdSSR (Armenien, Kaukasus) bekannt.

Zu S. **I, 384**

Hinter **Dichrooscytus algiricus** E. WAGNER, 1951, einfügen:

Dichrooscytus algiricus bureschi JOSIFOV, 1974

Reichenbachia, Bd. 15 (20), S. 166–167.

Den Verfassern unbekannt. Beschreibung nach JOSIFOV.

Grün und rot, mit brauner Zeichnung. Mit kurzen, halbaufgerichteten, schwarzen und längeren, anliegenden, weißen Haaren. Scheitel beim ♂ 1,45–1,75x, beim ♀ 1,55–2,0x so breit wie das Auge. 2. Fühlerglied 1,0–1,15x so lang wie die Pronotumbreite. Auf der Oberseite dominiert die grünliche Färbung. Das Rostrum reicht bis zu den Hinterhüften.

Genitalien des ♂ wie bei der Nominatrasse.

An Juniperus excelsa. Vielleicht 2 Generationen (Mai–Anfang Juni und Ende Juni–Juli).

Aus Bulgarien (Kressna-Paß bei Gara Pirin) bekannt.

Zu S. **I, 466**

Bestimmungstabelle wie folgt ändern:

6 (7) Scheitel beim ♂ 2,7–3,0x, beim ♀ 3,0–3,2x so breit wie das Auge. Beide Fortsätze des Genitalsegments des ♂ gleich stark und nach hinten gerichtet (Abb. I, 342k; 19e).

6a (6b) Hell graugrünlich oder ockergelb mit brauner Zeichnung. Scheitel beim ♂ 2,7x, beim ♀ 3,0–3,1x so breit wie das Auge. Länge 5,4–6,6 mm. Parameren siehe Abb. I, 342c+g! 13. **C. (H.) cingulatus** S. I, 468

6b (6a) Schwarzbraun bis schwarz mit roter Zeichnung. Scheitel beim ♂ 2,9–3,0x, beim ♀ 3,2x so breit wie das Auge. Länge 6,55–7,0 mm, Parameren siehe Abb. 19f+g! 13a. **C. (H.) asphodeli** S. 34

7 (6) Wie bisher.

13a. **Capsodes (Horistus) asphodeli** E. WAGNER, 1976

Reichenbachia, Bd. 16 (4), S. 69–71.

Länglich-oval, das ♂ 3,9x, das ♀ 3,1x so lang wie die Pronotumbreite. Schwarz mit roter Zeichnung. Alle Haare hell. Makropter. Kopf (Abb. 19a–d) schwarz, mit roten Flecken in der Mitte des Scheitels, am inneren Augenrand, in der Mitte der Stirn und auf den Wangen. Scheitel beim ♂ 2,9–3,0x, beim ♀ 3,2x so breit wie das Auge. Fühler

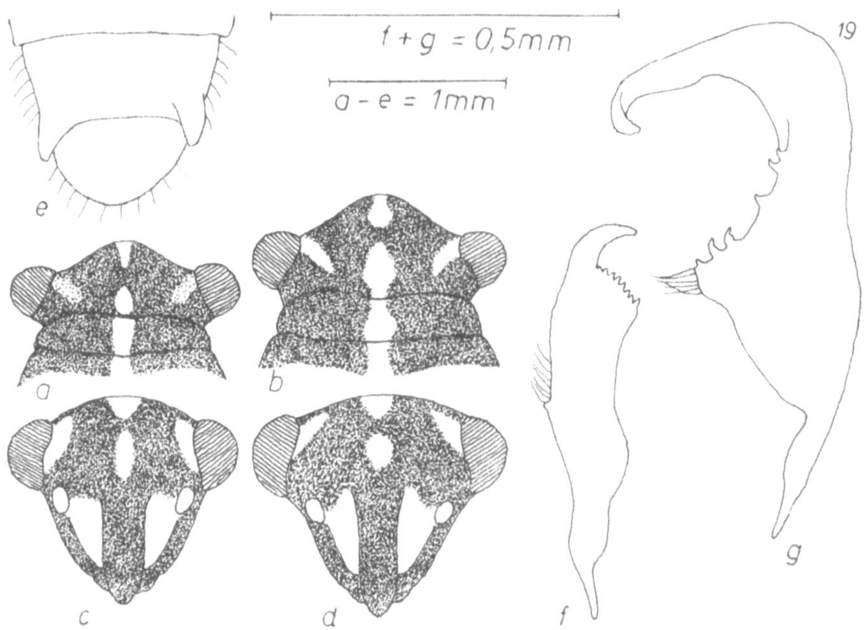

Abb. 19. *Capsodes (Horistus) asphodeli* E. Wagn.
a: Kopf des ♂ von oben – b: dasselbe vom ♀ – c: Kopf des ♂ von vorn – d: dasselbe vom ♀ – e: Genitalsegment des ♂ von oben – f: rechtes Paramer von oben – g: linkes Paramer von oben

schwarz; 2. Glied beim ♂ 1,2x, beim ♀ 1,1x so lang wie die Pronotumbreite. Halsring dick, in der Mitte mit hellem Fleck, der sich in einer Längsbinde auf Pronotum und Scutellum fortsetzt (Abb. 19a+b). Hinterrand des Pronotum in der Mitte eingebuchtet; Scheibe hinten mit zwei roten Flecken. Clavus dunkel, nur die Adern schmal hell. Exocorium und Cuneus rotgelb. Membran schwärzlich, auch die Adern. Unterseite dunkel, an den Seiten mit rotem Längsstreif, der von den Epipleuren der Vorderbrust bis zu den Genitalsegmenten reicht, aber oft unterbrochen ist. Rostrum schwarz, bis zu den Mittelhüften reichend.

Genitalsegment des ♂ (Abb. 19e) kurz und breit; die beiden Fortsätze an den Seiten der Genitalöffnung sind nach hinten gerichtet und etwa gleich groß. Rechtes Paramer (Abb. 19f) schlank, mit stark gekrümmter Hypophysis, unter derselben ein Buckel, der kräftige Zähne trägt. Linkes Paramer (Abb. 19g) sichelförmig, Hypophysis zurückgekrümmt. Sinneshöcker groß, stark vorspringend, abgerundet, distal ein Haarbüschel, obere Kante mit etwa 5 kräftigen Zähnen.

Länge: ♂ + ♀ = 6,55–7,0 mm.

Die Art lebt an Asphodelus microcarpus. Imagines im März und im Mai.

Aus Marokko (Ksar el Kebir und Forêt de la Marmora) bekannt.

Nachträge zu Teil II

Zu S. **II, 3–5**

In den Legenden zu den Abb. II, 348 und II, 349 ist der Name *M. alboornatus* STÅL durch *M. gallicus* E. WAGN. zu ersetzen.

Auf S. II, 4 sind die letzten 18 Zeilen zu streichen, und ebenso auf S. II, 5 der Rest der Gattung *Myrmecophyes* FIEB. Beides ist durch den folgenden Text zu ersetzen:

Die Gattung enthält 16 Arten, die das nördliche und mittlere Asien bewohnen. Davon kommen 3 Arten im Mittelmeerraum vor.

Bestimmungsschlüssel für die Arten von *Myrmecophyes* FIEB.

1 (6) Gestalt ameisenähnlich (Abb. 20a, b, d, e), Abdomen an der Basis stark eingeschnürt, oberseits konvex. Fühler hell gelblich, zum mindesten die ersten beiden Glieder.

2 (3) Scheitel bei Betrachtung von vorn konkav (Abb. 20g+h). Augen gestielt. 1. Fühlerglied länger als die Scheitelbreite.
Der in Sibirien, im Norden des europäischen Teils der UdSSR und in Finnland lebende. **M. alboornatus** STÅL

3 (2) Scheitel bei Betrachtung von vorn eben (Abb. 20i+k). 1. Fühlerglied kürzer als die Scheitelbreite.

4 (5) Hüften und Beine schwarz bis schwarzbraun. Schenkel mit unscharfen hellen Längsflecken. Das Rostrum überragt die Hinterhüften. Kopf bei Betrachtung von vorn unten stumpf (Abb. 20i+k). Scheitel beim ♂ 1,93x, beim ♀ 2,05x so breit wie das Auge. 1. **M. gallicus** S. 36

5 (4) Hüften und Beine hellgelb. Schenkel innen mit dunklem Längsstreif. Das Rostrum überragt die Mittelhüften. Kopf schmaler (Abb. 22d+e), unten spitz. Scheitel 2,2x so breit wie das Auge. 2. **M. montenegrinus** S. 38

6 (1) Körper breiter (Abb. 23c+d), Abdomen an der Basis weniger stark eingeschnürt, oberseits flach. Fühler schwarz. 3. **M. latus** S. 39

M. gallicus E. WAGN. (Südfrankreich) und *M. montenegrinus* E. WAGN. (Jugoslawien) waren bisher unter dem Namen *M. alboornatus* STÅL gemeldet. Letztere Art kommt jedoch im Mittelmeerraum nicht vor.

1. **Myrmecophyes gallicus** E. WAGNER, 1976

Reichenbachia, Bd. 16 (14), S. 158–160.

Schlank, ameisenähnlich, Abdomen an der Basis stark eingeschnürt, oberseits konvex (Abb. 20d+e). Kopf von vorn gesehen (Abb. 20i+k) kaum breiter als hoch, unten stumpf. Fühlerwurzel um die Höhe des Auges vom unteren Augenrand entfernt. Scheitel beim ♂ 1,93x, beim ♀ 2,03x so breit wie das Auge. Fühler zweifarbig, Glied 1 und 2 hellgelb, Glied 3 und 4 schwarz. 1 Glied kürzer als die Scheitelbreite, innen mit einigen kurzen schwarzen Borsten; 2. Glied stabförmig, beim ♂ 1,45x, beim ♀ 1,25x so lang wie die Kopfbreite, distal breit schwarz. Pronotum (Abb. 20d+e) 0,6–0,7x so breit wie der Kopf. Mesonotum fast eben. Scutellum einfarbig schwarz. Halbdecken verkürzt, am Hinterrand ein weißer Querfleck, der etwa ein Drittel der Halbdecke be-

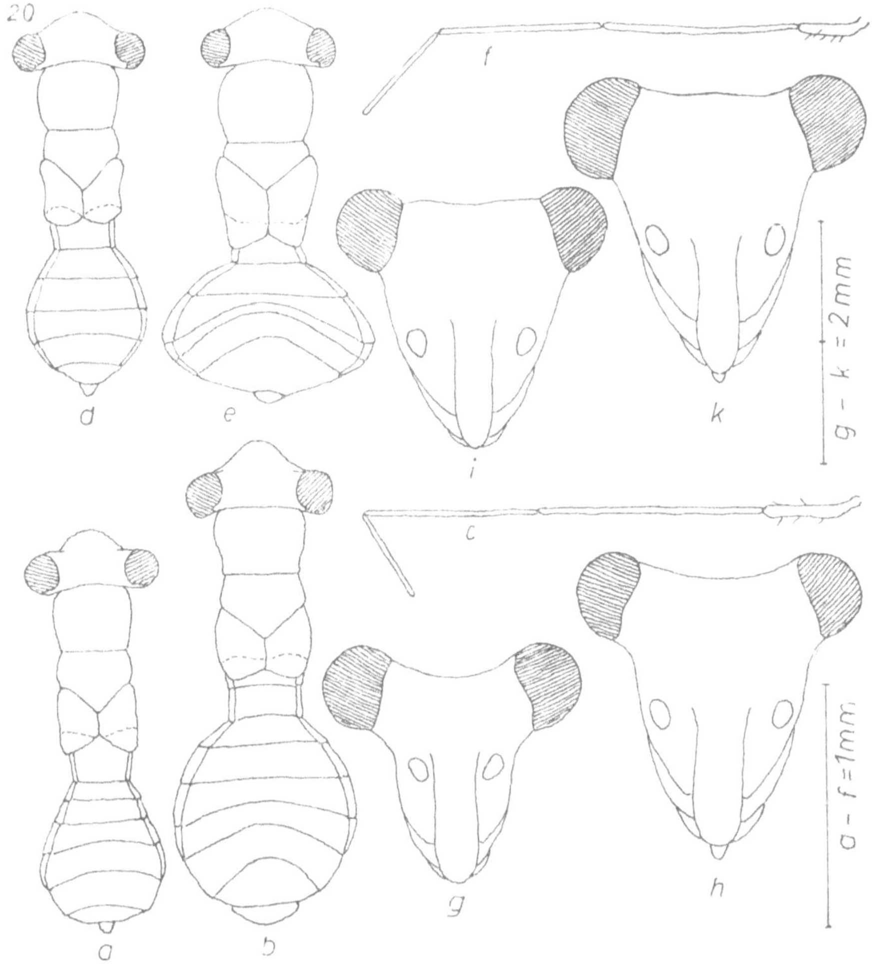

Abb. 20. *Myrmecophyes* Fieb.

a, b, c, g, h: *M. alboornatus* Stål – d, e, f, i, k: *M. gallicus* E. Wagn. – a+d: Gestalt des ♂ – b+e: Gestalt des ♀ – c+f. Fühler des ♂ – g+i: Kopf des ♂ von vorn – h+k· dasselbe vom ♀

deckt und an der Kommissur kürzer ist als am Außenrand. Abdomen kugelig (Abb. 20d+e), beim ♀ weit breiter als der Kopf (beim abgebildeten ♀ wohl nach vorn zusammengeschrumpft). Unterseite schwarz. Das Rostrum überragt die Hinterhüften ein wenig. Hüften und Beine schwarz oder schwarzbraun, Schenkel mit undeutlichen hellen Längsflecken und langen schwarzen Borsten. Schienen mit schwarzen Borsten und feinen Dornen. Tarsen schwarz.

Rechtes Paramer (Abb. 21d) kurz und kräftig, Apikalteil oval, länger als breit, mit auswärts gekrümmter Spitze. Linkes Paramer (Abb. 21e) klein, überall gleich dick, Sinneshöcker behaart, Arm der Hypophysis gekrümmt, mit aufwärts gekrümmter

Spitze. Penis (Abb. 21f) schlank, wenig gekrümmt, distal ein gekrümmter Anhang, dessen Apikalteil behaart ist.

Länge: ♂ = 3,15 mm, ♀ = 3,25 mm.

Bisher nur in Südfrankreich: Pyrénées-orientales (Font Romeu, 1800 - 1950 m) gefangen. Imagines im Juli.

2. **Myrmecophyes montenegrinus** E. WAGNER, 1976

Reichenbachia, Bd. 16 (14), S. 160–162.

Etwas kleiner, aber von gleicher Gestalt wie vorige Art (Abb. 22a+b). Kopf von oben gesehen dreieckig, stärker vorstehend. Von vorn gesehen (Abb. 22d+e) so breit wie hoch, unten spitz. Scheitel bei ♂ und ♀ 2,2x so breit wie das Auge. Fühler zweifarbig, das 1. Glied 0,8x so lang wie die Scheitelbreite, distal mit einigen kurzen schwarzen Borsten; 2. Glied stabförmig, beim ♂ 1,33x, beim ♀ 1,22x so lang wie die Kopfbreite, distal nur sehr schmal schwarz, beide Endglieder schwärzlich. Pronotum 0,60 - 0,65x so breit wie der Kopf. Mesonotum fast eben und mit dem hinteren Teil des Pronotum in einer Ebene liegend. Scutellum schwarz. Der weiße Querfleck der Halbdecken bedeckt fast die Hälfte der Halbdecke. Abdomen birnenförmig (Abb. 22a+b), oberseits gewölbt, schmaler als der Kopf. Unterseite schwarz. Das Rostrum überragt die Mittelhüften. Hüften und Beine hellgelb, Schenkel innen mit dunklem Längsfleck, außen mit langen schwarzen Borsten. Schienen hell, die Hinterschienen etwas verdunkelt. Auch die Schienen mit langen schwarzen Borsten.

Rechtes Paramer (Abb. 21a) auffallend robust, Apikalteil breiter als lang, fast viereckig, mit rückwärts gerichteter Spitze, auch der Stiel sehr dick. Linkes Paramer (Abb. 21b) sehr klein, gekrümmt, Stiel der Hypophysis kurz, dick, gekrümmt. Hypophysis zweispitzig. Penis ähnlich demjenigen der vorigen Art, aber etwas kleiner (Abb. 21c).

Länge: ♂ = 2,8 - 2,9 mm, ♀ = 3,5 - 3,6 mm.

Bisher nur in Montenegro: Zabljak (Riblje-See in 1450 m Höhe) gefunden. Imagines im Juli.

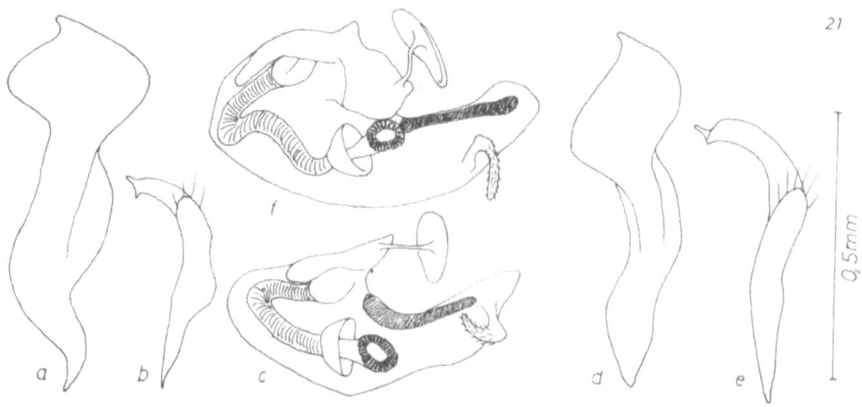

Abb. 21. *Myrmecophyes* Fieb., Genitalien des ♂
a–c: *M. montenegrinus* E. Wagn. – d–f: *M. gallicus* E. Wagn. – a+d: rechtes Paramer von oben – b+e: linkes Paramer von oben – c+f: Penis von links

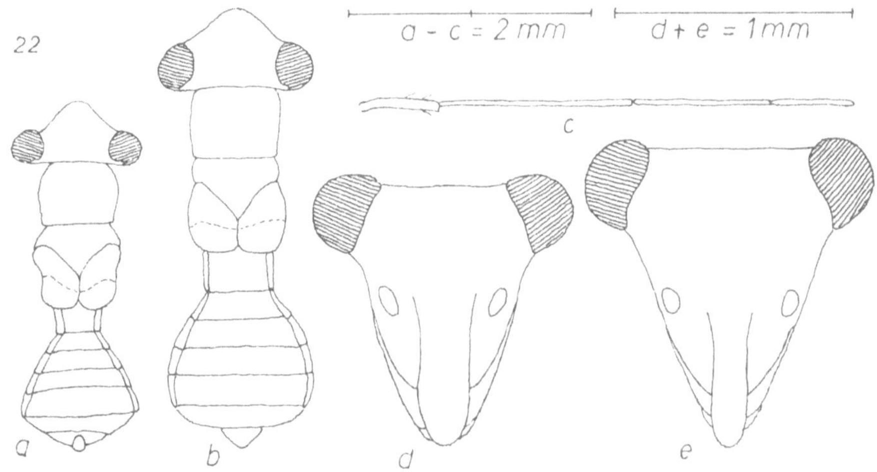

Abb. 22. *Myrmecophyes montenegrinus* E. Wagn.
a: Gestalt des ♂ – b. Gestalt des ♀ – c Fühler des ♂ – d. Kopf des ♂ von vorn – e· dasselbe vom ♀

3. **Myrmecophyes latus** E. WAGNER, 1975

Bull. Zool. Mus. Amsterdam, Bd. 4 (17), S. 143–147.

Von breiterer Gestalt (Abb. 23c+d), das Abdomen an der Basis weniger stark eingeschnürt und oberseits flach. Schwarz, auch Fühler und Beine so gefärbt, nur der Hinterrand der verkürzten Halbdecken mit weißem Querfleck. Kahl, nur die Beine und das 1. Fühlerglied mit schwarzen, kräftigen, aufrechten Borsten. Matt, stellenweise gerunzelt. Kopf (Abb. 23a–d) dreieckig, etwa so breit wie hoch, Augen nicht gestielt. Scheitel eben, beim ♂ 1,8–1,9x, beim ♀ 1,85–2,1x so breit wie das Auge. Fühler einfarbig schwarz, etwa so lang wie der Körper (Abb. 23e+f), 1. Glied viel kürzer als die Scheitelbreite, mit zahlreichen schwarzen Borsten; 2. Glied 1,3–1,4x so lang wie die Kopfbreite; 3. Glied 0,8–0,9x so lang wie das 2. Glied. Pronotum (Abb. 23c+d) etwas schmaler als der Kopf, Mesonotum kurz, Scutellum nicht abgegrenzt. Halbdecken kurz und gerundet, Kommissur kürzer als das Mesonotum, am Hinterrand ein schmaler weißer Querfleck, der sowohl an der Kommissur als auch am Seitenrand etwa bis zur Mitte reicht. Abdomen oberseits flach, in der Regel rund, beim ♂ auch fünfeckig. Schenkel mit Borsten. Klauen (Abb. 23l) mit hautartigen, gebogenen Arolien und borstenartigen Pseudarolien. Das Rostrum erreicht die Hinterhüften. Apikalteil des rechten Paramers (Abb. 23g) oval, in eine gekrümmte Spitze auslaufend. Linkes Paramer (Abb. 23h) nur in der Mitte schwach gekrümmt, Arm der Hypophysis gerade, verjüngt, Hypophysis zweispitzig.

Länge: ♂ = 3,0–3,7 mm, ♀ = 3,8–4,0 mm.

Aus Jugoslawien: Kossowo (Paß Čakor in 1500–1800 m Höhe) bekannt. Imagines im Juni.

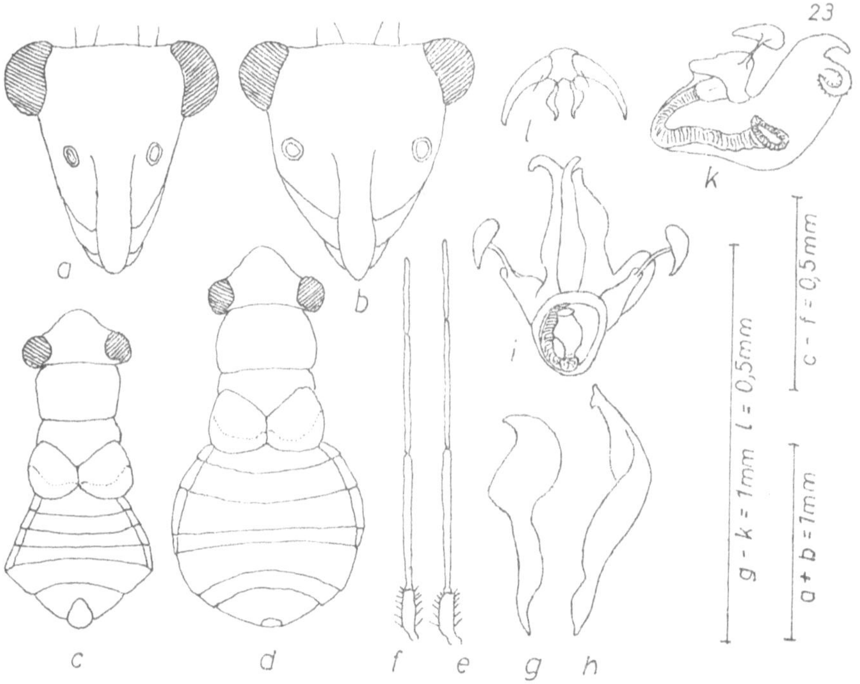

Abb. 23. *Myrmecophyes latus* E. Wagn.

a Kopf des ♂ von vorn – b: dasselbe vom ♀ – c: Gestalt des ♂ – d: Gestalt des ♀ – e: Fühler des ♂ – f. Fühler des ♀ – g: rechtes Paramer von oben – h: linkes Paramer von oben – i Penis von oben – k: Penis von links – l: Klauen des Hinterfußes von innen

Zu S. **II, 21**

Hinter der Bestimmungstabelle einfügen:

Strongylocoris solidus SEIDENSTÜCKER, 1971

Nachr.bl. Bayr. Ent., Bd. 20, S. 38–40.

W e i b c h e n : Groß, birnenförmig (Abb. 24a), 2,28x so lang wie die Pronotumbreite. Schwarz, Beine und Basalteil der Fühler gelbrot. Behaarung kurz, fein, grau und anliegend. Kopf von oben gesehen (Abb. 24b) dreieckig, etwa 4x so breit wie lang. Scheitel (Abb. 24b) 3,75x so breit wie das Auge, beim ♀ stumpfkantig. Auge nicht auf das Pronotum übergreifend (Abb. 24c). Fühler schlank (Abb. 24d), Glied 1 rotgelb; Glied 2 in der basalen Hälfte rot, 0,92x so lang wie die Kopfbreite und so lang wie das 3. und 4. Glied zusammen; das 3. Glied 1,1x so lang wie das 4., beide Glieder sowie die Apikalhälfte des 2. Gliedes schwarz. Pronotum 1,15x so breit wie der Kopf, trapezförmig, Schwielen nur schwach gewölbt. Halbdecken ebenfalls gewölbt, verkürzt, bis zum 9. Tergit reichend, ohne Membranrest (Abb. 24a). Clavus und Cuneus nicht abgegrenzt. Hinterränder beider Halbdecken einen stumpfen Winkel bildend. Unterseite schwarz. Das Rostrum reicht bis zu den Hinterhüften. Beine rotgelb, mit feiner

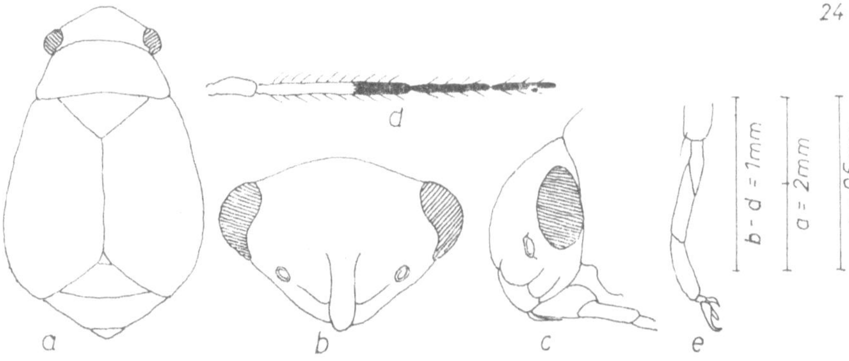

Abb. 24. *Strongylocoris* (?) *solidus* Seid., ♀
a Gestalt – b: Kopf von vorn – c Kopf von links – d. Fühler – e: Hinterfuß

schwarzer Behaarung. Dornen der Schienen schwarz. 3. Tarsenglied dunkel. An den Hintertarsen ist das 2. Glied 1,2–1,3x so lang wie das 1. (Abb. 24e).

Länge: ♀ = 3,75 mm, ♂ = unbekannt.

Bisher nur einmal 1 ♀ gefangen: Türkei (Kaiserie), 21.–31. 5. 1963.

Zu S. **II, 36**

Bei **Pachytomella parallela** (MEYER-DÜR), 1843 einfügen:

Lit. E. WAGNER 1975, Reichenbachia, Bd. 15 (23), S. 197–198.

♀ makropt.: Länger als die f. brachypt. Pronotum länger und vor allem breiter, etwas breiter als der Kopf (Abb. 25d), im hinteren Teil quergerunzelt. Halbdecken voll entwickelt (Abb. 25a). Hinterflügel vorhanden.

Länge: 3,35 mm.

Aus Südfrankreich (Pyrénées-orientales) bekannt, H. H. WEBER leg.

Zu S. **II, 100**

Der Gattung **Dimorphocoris** REUT. anfügen:

31. **Dimorphocoris pericarti** TAMANINI, 1972

Atti Soc. It. Sc. Nat. Mus. Civ. St. Nat. Milano, Bd. 113 (2), S. 124–132; TAMANINI 1975, ibid., 116 (1–2), S. 30–32 (♀).

Dem *D. abutilon* E. WAGN. sehr ähnlich, unterscheidet sich jedoch von dieser Art durch die größere Ausdehnung der schwarzen Färbung auf Kopf, Pronotum und an den Vorderschienen. Das 2. Fühlerglied ist beim ♂ nur 1,12x, beim ♀ 0,73x so lang wie die Kopfbreite. Die Scheitelbreite ist beim ♂ 3,07–3,41x, beim ♀ 3,8–4,2x so breit wie das Auge. Die Länge des Tieres beträgt beim ♂ nur 4,23–4,75 mm, beim ♀ 2,82–3,21 mm. Auch die Parameren sind etwas kleiner, im übrigen aber denjenigen von *D. abutilon* E. WAGN. sehr ähnlich. Die membranösen Anhänge des Penis unterscheiden sich nach TAMANINI erheblich.

Die Art wurde von J. PÉRICART in den Pyrénées-orientales in der Gegend von Mont Louis (Vallée d'Eyne) in 1800–2000 m Höhe und von E. HEISS in der gleichen Region auf dem Mont Canigou in 2400 m Höhe gefangen. Die Fangzeit lag im ersteren Fall am Ende des Juli, im letzteren Fall im August.

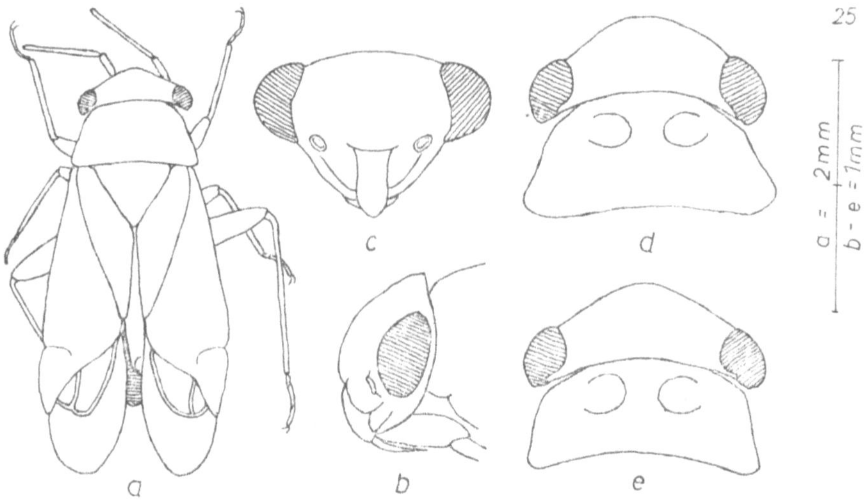

Abb. 25. *Pachytomella parallela* M.-D., ♀
a Gestalt – b: Kopf von links – c Kopf von vorn – d+e Kopf und Pronotum von oben – a–d: makropter, e. brachypter

Die Verfasser sehen sich außerstande, die Artberechtigung dieser Form zu beurteilen. Einerseits sind die Unterschiede gegenüber *D. abutilon* E. WAGN., sieht man von den membranösen Anhängen des Penis ab, doch außerordentlich gering. Andererseits liegt auch der Fundort bei Mont Louis in unmittelbarer Nähe von demjenigen von *D. abutilon* E. WAGN. (Font Romeu, das sogar auf dem gleichen Gebirgsmassiv liegt). Da nach unseren bisherigen Erfahrungen auf einem einzelnen Gebirgsmassiv keine zwei *Dimorphocoris*-Arten leben, erscheint es uns möglich, daß alle Tiere der gleichen Art angehören.

Ob die Gestalt der membranösen Anhänge des Penis wirklich immer konstant ist oder je nach Art der Konservierung in der Gestalt schwankt, vermögen wir nicht zu beurteilen.

32. **Dimorphocoris concii** TAMANINI, 1972

Atti Soc. It. Sc. Nat. Mus. Civ. St. Nat. Milano, Bd. 113 (2), S. 117–124.

Die Form ist den Verfassern unbekannt und wurde nach einem einzelnen ♂ beschrieben. Sie kann ebenfalls daher hier nicht beurteilt werden.

Nach TAMANINI (l. c.) soll sie dem *D. tomasii* TAM. sehr nahestehen. Das Pronotum hat im Verhältnis zur Länge des Körpers eine größere Breite. Die Längenverhältnisse der Fühlerglieder weichen ab. Unterschiede finden sich auch in der Ausbildung der Furchen des Pronotum. Auch hier zeigen die Parameren nur geringfügige Unterschiede, aber auch die membranösen Anhänge des Penis sind doch recht ähnlich.

Länge: ♂ = 5,13 mm, ♀ unbekannt.

Die Art wurde bei Sestola im Tosco-Emilianischen Apennin (Italien) im August gefangen.

33. **Dimorphocoris ruffoi** TAMANINI, 1971

Mem. Mus. Civ. Stor. Nat. Verona, Bd. 19, S. 363–369; id. 1976, Boll. Mus. Civ. Stor. Nat. Verona, Bd. 2, S. 323–330.

Auch diese Form ist den Verfassern unbekannt. Sie ist eine alpine Art und den Arten *D. schmidti* FIEB. und *D. gallicus* E. WAGN. sehr ähnlich. Beide sind allerdings deutlich größer als *D. ruffoi* TAM. In vielen anderen Merkmalen stimmt sie jedoch mit diesen Arten überein. Vor allem bei den Größenverhältnissen liegen die Werte in der Regel innerhalb der Schwankungsgrenzen dieser beiden Arten. Bei *D. schmidti* FIEB. sind die Augenstiele weniger deutlich als bei *D. gallicus* E. WAGN. Das trifft auch auf *D. ruffoi* TAM. zu. TAMANINI gibt demzufolge auch an, daß seine Art *D. schmidti* FIEB. sehr nahe steht. Außerdem gibt er an, daß bei *D. ruffoi* TAM. das 2. Fühlerglied länger sei als das 3. Glied. Ein solcher Unterschied findet sich jedoch nicht in der Tabelle der Maße (TAMANINI 1976). Die Unterschiede im Bau der Genitalien sind wohl auch hier der Hauptgrund, der TAMANINI zur Abtrennung seiner Art veranlaßt hat. Aber auch hier müssen die Einwände gelten, die von den Verfassern bei *D. pericarti* TAM. vorgebracht wurden. Wir sehen uns auch hier außerstande, ein Urteil abzugeben.

Länge: ♂ = 4,58–5,17 mm, ♀ = 3,02–3,46 mm.

Italienische Alpen: Alpi maritimi, Alpi Cozie.

34. **Dimorphocoris osellai** TAMANINI, 1976

Boll. Mus. Civ. Stor. Nat. Verona, Bd. 2, S. 325–330.

Auch diese Art ist den Verfassern unbekannt. Sie soll nach TAMANINI dem *D. ruffoi* TAM. sehr ähnlich, aber noch etwas kleiner sein, das ♂ mehr parallelseitig. Wirklich überzeugende Merkmale gibt TAMANINI nicht an. Selbst die membranösen Anhänge der Vesika weichen nach den Figuren nur sehr geringfügig von denen der vorigen Form ab. Hier scheint es uns sogar berechtigt, Bedenken gegen die Artberechtigung der Form auszusprechen.

Länge: ♂ = 4,50–4,55 mm, ♀ = 2,94–3,04 mm.

Italienische Alpen: Alpi Cozie (Col de Mulo).

Zu S. **II, 184**

Die untersten 2 Zeilen wie folgt ändern:

1 (2) Einfarbig dunkel, nur die Fühler gelb. 5. **O. (O.) obscurus** S. II, 185

2 (1) Außenrand der Halbdecken breit hell. Fühler meistens schwarz.

3 (4) Innenrand des Corium hell. Scheitel beim ♀ 3,0x so breit wie das Auge. Schenkel schwarz. 2. Fühlerglied so lang wie die Kopfbreite. 6. **O. (O.) psalloides** S. II, 185

4 (3) Innenrand des Corium in der Regel schwarz. Scheitel beim ♀ 2,45–2,50x so breit wie das Auge. Schenkel gelbrot. 2. Fühlerglied 1,14 (♂) bis 1,25x (♀) so lang wie die Pronotumbreite. 6a. **O. (O.) erinaceae** S. 43

6a. **Orthotylus (Orthotylus) erinaceae** E. WAGNER, 1977

Reichenbachia, Bd. 16 (22), S. 220–222.

♂ parallelseitig, ♀ oval (Abb. 26a+b) und beide 3,2x so lang wie die Pronotumbreite.

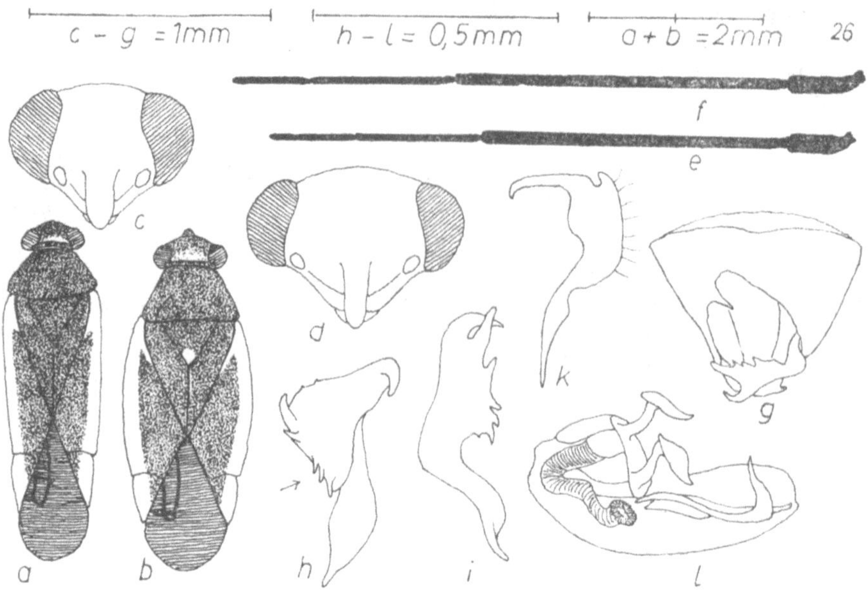

Abb. 26. *Orthotylus (Orthotylus) erinaceae* E. Wagn.
a: ♂ – b: ♀ – c Kopf des ♂ von vorn – d dasselbe vom ♀ – e Fühler des ♂ – f. Fühler des ♀ – g: Genitalsegment des ♂ von oben – h rechtes Paramer von innen – i: dasselbe von oben – k: linkes Paramer von oben – l Penis von links

Schwarzbraun bis schwarz, Außenrand der Halbdecken breit weißgelb. Behaarung fein, lang und hell, auf dem Pronotum einzelne schwarze Haare. Kopf von vorn gesehen (Abb 26c+d) breiter als hoch. Scheitel beim ♂ etwa 2x, beim ♀ 2,45–2,50x so breit wie das Auge, sein Hinterrand stumpfkantig, vor dem Hinterrand ein gelbbrauner Fleck. Fühler schwarz (Abb. 26e+f), 1. Glied 0,71–0,75x so lang wie die Scheitelbreite; 2. Glied beim ♂ 1,14x, beim ♀ 1,25x so lang wie die Pronotumbreite und bei ♂ und ♀ 1,50–1,55x so lang wie die beiden Endglieder zusammen; 3. Glied 0,42–0,44x so lang wie das 2. und weniger als 2x so lang wie das 4. Pronotum einfarbig dunkel. Scutellum bisweilen mit heller Spitze (Abb. 26b). Corium am Außenrand breit hell. Die Ausdehnung der hellen Zone schwankt; sie kann auf den vorderen Teil des Innenrandes übergreifen. Membran schwarzgrau, Adern schwarz. Das Rostrum reicht bis zur Mitte der Mittelbrust. Beine hell, Schenkel gelbrot, Schienen hell gelbbraun. 3. Tarsenglied schwarz.

Genitalsegment des ♂ (Abb. 26g) trapezförmig, Genitalöffnung schief, am linken Rand ein spitzer Fortsatz. Rechtes Paramer (Abb. 26h+i) bizarr geformt, von innen gesehen zweilappig, mit 2 großen und mehreren kleinen Zähnen. Linkes Paramer (Abb. 26k) sichelförmig, Arm der Hypophysis nur distal gekrümmt, außen ein aufwärts gerichteter Höcker. Penis (Abb. 26l) klein, mit 2 deutlichen Chitinbändern.

Länge: ♂ = 3,5–3,8 mm, ♀ = 3,5–3,7 mm.

Die Art lebt an Erinacea antyllis LINK. Imagines im Juni.

Aus Tunesien: Forêt de Kesra (Maktar) bekannt.

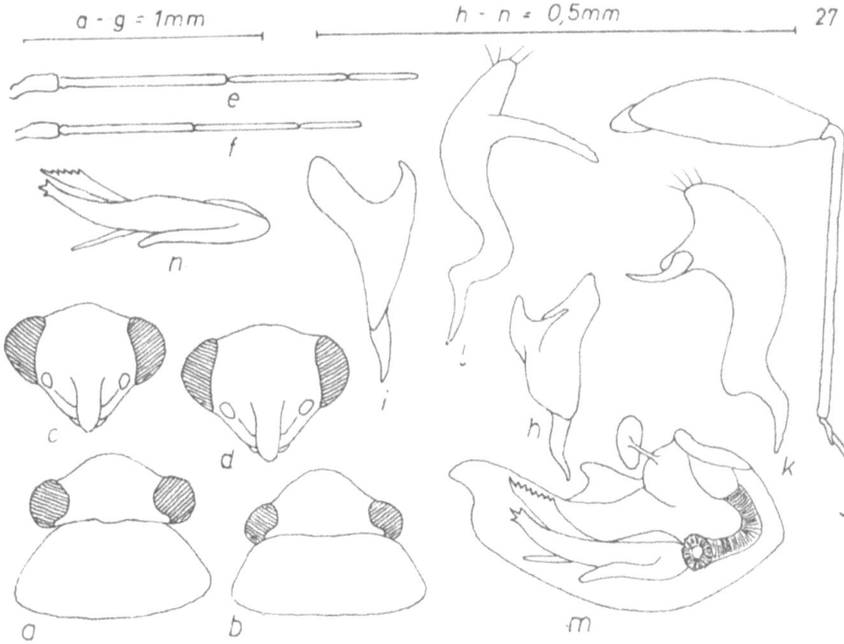

Abb. 27. *Orthotylus (Neopachylops) empetri* E. Wagn.

a Kopf und Pronotum des ♂ von oben – b dasselbe vom ♀ – c Kopf des ♂ von vorn – d dasselbe vom ♀ – e Fühler des ♂ – f: Fühler des ♀ – g Hinterbein des ♂ – h rechtes Paramer von oben – i dasselbe von innen – k linkes Paramer von innen – l: dasselbe von oben – m Penis von rechts – n Chitinbänder der Vesika von rechts

Zu S. **II, 207**

Bestimmungstabelle wie folgt ändern:

5 (24) Länge beim ♂ mindestens 2,5 mm, beim ♀ mindestens 2,4 mm.

6 (11) Hinterschiene 3,0–3,4x so lang wie der Fuß. Länge des Tieres unter 3,5 mm.

6a (6b) Scheitel hinten ungerandet. Parameren siehe Abb. 27h–l!

30a. **O. (N.) empetri** S. 45

6b (6a) Scheitel hinten gerandet oder gekielt.

7 (8) Wie bisher.

30a. **Orthotylus (Neopachylops) empetri** E. WAGNER, 1977

Ent. Ber., Bd. 37, S. 93–94.

Klein, lang-oval. Hellgrün, Kopf in der Regel gelb. Halbaufgerichtete Haare schwarz, anliegende Haare weißlich. Kopf (Abb. 27a–d) breiter als hoch, Scheitel hinten abgerundet, beim ♂ 1,8x, beim ♀ 2,6–2,7x so breit wie das Auge. Fühler (Abb. 27e+f) kurz und kräftig; 2. Glied nur 0,7–0,8x so lang wie die Pronotumbreite, beim ♂ dicker als beim ♀; 3. und 4. Glied zusammen länger als das 2. Glied und fast schwarz. Pronotum (Abb. 27a+b) sehr kurz und breit, insbesondere beim ♀. Basis des Scutellum oft gelblich. Halbdecken einfarbig grün, Membran hellgrau, Adern grün. Das Rostrum reicht bis zur Spitze der Mittelhüften. Beine gelb, Dornen der Schienen fein und braun. Hinterschiene 3,0x so lang wie der Fuß.

Rechtes Paramer (Abb. 27h+i) mit 2 Spitzen; die äußere schlank und gekrümmt, neben ihr ein feiner Dorn; die innere größer und mehr lappenartig. Linkes Paramer (Abb. 27k+l) schlanker, länger und gleichmäßig gekrümmt, in der Mitte der Innenseite ein schlanker Arm, der die Hypophysis trägt. Penis (Abb. 27m) klein und länglich; Chitinbänder der Vesika (Abb. 27n) nur schwach verzweigt und nur distal mit einigen Zähnen (wie bei *O. spartiicola* REUT.).

Länge: ♂ = 2,50–2,77 mm, ♀ = 2,4–2,6 mm.

Die Art lebt an Empetrum nigrum L. Imagines im Juli.

Aus Südfrankreich (Gavarnie bei La Prade, in 1425 m Höhe) und aus Spanien (Teruel bei Alcaniz) bekannt.

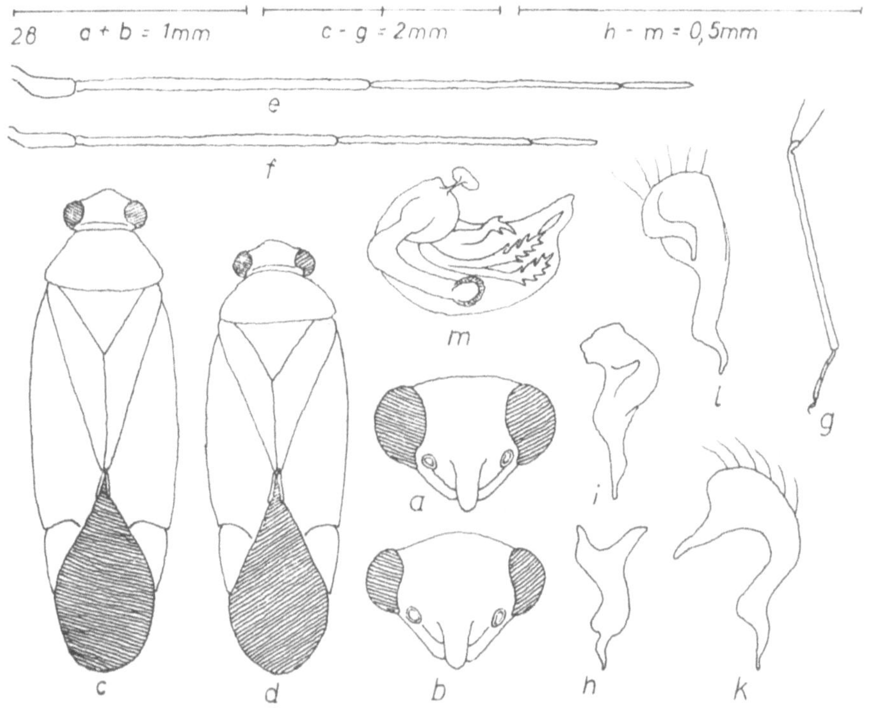

Abb. 28. *Orthotylus (Neopachylops) ribesi* E. Wagn.

a: Kopf des ♂ von vorn – b: dasselbe vom ♀ – c Gestalt des ♂ – d: Gestalt des ♀ – e: Fühler des ♂ – f: Fühler des ♀ – g Hinterschiene und Fuß des ♀ – h: rechtes Paramer von oben – i: dasselbe von innen – k: linkes Paramer von oben – l: dasselbe von innen – m: Penis von links

Zu S. **II, 208**

Bestimmungstabelle wie folgt ändern:

18 (15) 2. Fühlerglied 1,1–1,33x so lang wie die Pronotumbreite.

18a (18b) Länge beim ♂ 4,6–5,0 mm, beim ♀ 3,6–4,3 mm. Scheitel beim ♂ 1,8x, beim ♀ 2,45x so breit wie das Auge. Genitalien siehe Abb. II, 493e–q; II, 494e! 33. **O. (N.) concolor** S. II, 213

18b (18a) Länge beim ♂ 3,75–4,0 mm, beim ♀ 3,45 mm. Scheitel beim ♂ 2,0x, beim ♀ 2,7x so breit wie das Auge. Genitalien des ♂ siehe Abb. 28h–m! 33a. **O. (N.) ribesi** S. 47

33a. **Orthotylus (Neopachylops) ribesi** E. WAGNER, 1976

Reichenbachia, Bd. 16 (13), S. 153–155.

Kleiner und schlanker (Abb. 28c+d). Hell graugelb. Behaarung hell, untermischt mit dunklen Haaren. Kopf von vorn gesehen (Abb. 28a+b) 1,25x so breit wie hoch. Scheitel beim ♂ 2x, beim ♀ 2,7x so breit wie das dunkle Auge, sein Hinterrand stumpf gekielt. Fühler (Abb. 28e+f) hell; 1. Glied 0,75x so lang wie die Scheitelbreite; 2. Glied beim ♂ 1,2–1,3x, beim ♀ 1,1x so lang wie die Pronotumbreite; 3. Glied 0,75–0,80x so lang wie das 2.; das 4. Glied sehr kurz, 0,30–0,35x so lang wie das 3., beide Endglieder schwärzlich. Pronotum beim ♂ 1,20–1,25x, beim ♀ 1,4x so breit wie der Kopf (Abb. 28c+d). Membran dunkel, Adern gelblich. Rostrum die Hinterhüften kaum erreichend. Dornen der Schienen fein und grau. Hinterschiene 4,4x so lang wie der Fuß. Rechtes Paramer (Abb. 28h+i) mit kräftiger Hypophysis, ihr gegenüber ein Fortsatz, der bei Betrachtung von oben (h) schmal und spitz erscheint, von innen gesehen (i) sich jedoch als breite Fläche erweist. Linkes Paramer (Abb. 28k+l) etwas größer, sichelförmig, bei Betrachtung von oben (k) mit kräftiger, fast gerader Hypophysis, die vom Paramerenkörper nach oben ein wenig überragt wird, von innen gesehen (l) fast keulenförmig mit geschwungener Hypophysis erscheint. Beide Parameren sind ungewöhnlich klein. Auch der Penis (Abb. 28m) ist kaum 0,3 mm lang, sehr einfach gebaut, seine Chitinbänder im apikalen Teil mit gezähnten Rändern.

Länge: ♂ = 3,75–4,0 mm, ♀ = 3,45 mm.

Lebensweise unbekannt. Imagines im Juni.

Aus Spanien: Maials (Segria) bekannt, J. RIBES leg.

Zu S. **II, 221**

Bestimmungstabelle wie folgt ändern:

14 (11) Scheitel beim ♂ 2,5–3,0x, beim ♀ 3,0–3,3x so breit wie das Auge.

14a (14b) Scheitel beim ♂ 2,9–3,0x so breit wie das Auge. Grundfarbe gelbrot bis gelbbraun. Länge 2,6–3,2 mm. Parameren siehe Abb. II, 505e+n! 45. **O. (M.) contrarius** S. II, 228

14b (14a) Scheitel beim ♂ 2,50–2,75x so breit wie das Auge. Grundfarbe grün. Länge 3,4–3,8 mm. Parameren siehe Abb. 29g+h! 45a. **O. (M.) creticus** S. 47

45a. **Orthotylus (Melanotrichus) creticus** E. WAGNER, 1977

Ent. Ber., Bd. 37, S. 94–95.

Etwas größer, länglich-oval, das ♂ 3,5x, das ♀ 3,0x so lang wie die Pronotumbreite.

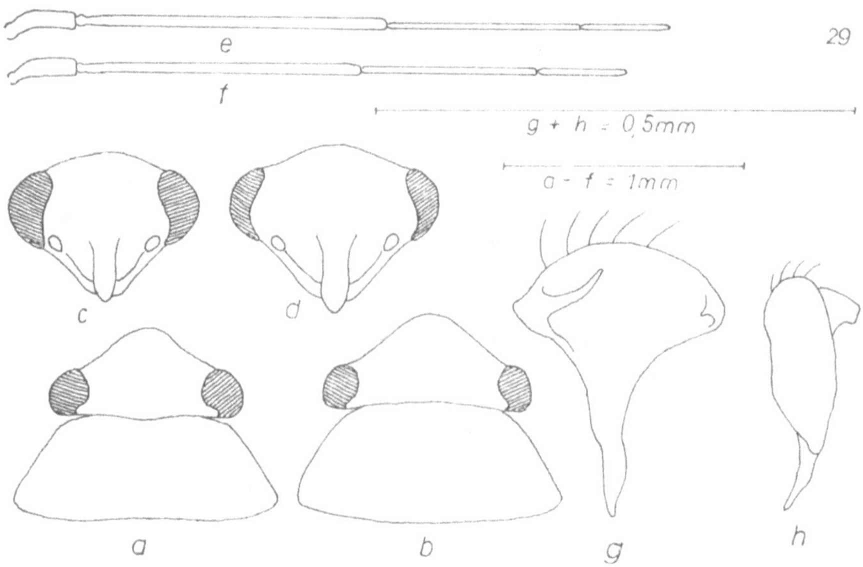

Abb. 29. *Orthotylus (Melanotrichus) creticus* E. Wagn.
a: Kopf und Pronotum des ♂ von oben – b: dasselbe vom ♀ – c: Kopf des ♂ von vorn – d: dasselbe vom ♀ – e: Fühler des ♂ – f: Fühler des ♀ – g: linkes Paramer von oben – h: rechtes Paramer von oben

Grün, Kopf, Beine und Fühler in der Regel gelb. Behaarung fein, lang und weiß; im hinteren Teil des Tieres (Cuneus) auch schwarze Haare. Scheitel (Abb. 29a+b) ungerandet, beim ♂ 2,50–2,75x, beim ♀ 3,0–3,3x so breit wie das Auge. Fühler (Abb. 29e+f) sehr lang und schlank; 2. Glied beim ♂ 1,2x, beim ♀ 1,0x so lang wie die Pronotumbreite. Pronotum 2,70–2,75x so breit wie lang. Basis des Scutellum oft gelb. Membran grau. Das Rostrum erreicht die Spitze der Mittelhüften. Hinterschiene 4x so lang wie der Fuß.

Rechtes Paramer (Abb. 29h) dick, keulenförmig, Hypophysis dick und eckig. Linkes Paramer (Abb. 29g) dreieckig, obere Kante gerundet, Hypophysis die Mitte des Paramers nicht erreichend, ihr gegenüber ein spitzer Höcker. Penis sehr klein und einfach, Chitinbänder unverzweigt und ungezähnt.

Länge: ♂ = 3,7–3,8 mm, ♀ = 3,4–3,8 mm.

Imagines im Oktober. Wirtspflanze unbekannt.

Von der Insel Kreta (Iraklion) bekannt.

Zu S. **II, 223**

Bestimmungstabelle wie folgt ändern:

24 (23) Die weißen Schuppenhaare bilden keine Grüppchen.

24a (24b) Länge beim ♂ 2,8–3,2 mm, beim ♀ 2,5–2,8 mm. Parameren siehe Abb. II, 504h+q! 49. **O. (M.) biskrensis** S. II, 230

24b (24a) Länge beim ♂ 4,0–4,1 mm, beim ♀ 3,2–3,3 mm. Parameren siehe Abb. 30g+h! 49a. **O. (M.) zorensis** S. 49

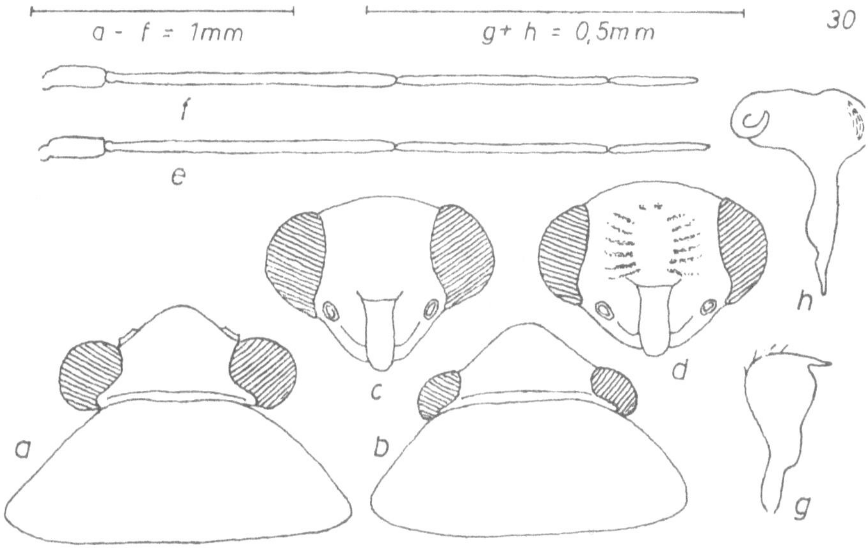

Abb. 30. *Orthotylus (Melanotrichus) zorensis* E. Wagn.

a: Kopf und Pronotum des ♂ von oben – b: dasselbe vom ♀ – c: Kopf des ♂ von vorn – d: dasselbe vom ♀ – e: Fühler des ♂ – f: Fühler des ♀ – g: rechtes Paramer von oben – h: linkes Paramer von oben

49a. **Orthotylus (Melanotrichus) zorensis** E. WAGNER, 1975

Reichenbachia, Bd. 15 (31), S. 276–277.

Oval. Mit feinen, halbaufgerichteten schwarzen und feinen, anliegenden weißen Haaren. Kopf von vorn gesehen (Abb. 30c+d) breiter als hoch. Scheitel hinten gerandet, beim ♂ 1,6–1,7x, beim ♀ 2,5–2,6x so breit wie das Auge. Fühler schlank (Abb. 30e+f), einfarbig hell; 2. Glied 0,8–0,9x so lang wie die Pronotumbreite. Pronotum 1,25–1,33x so breit wie der Kopf (Abb. 30a+b), einfarbig hell, Schwielen undeutlich. Scutellum groß, seine Basis teilweise frei. Halbdecken oft etwas dunkler als der vordere Teil des Tieres. Membran hell rauchgrau, Adern grau. Das Rostrum reicht bis zur Mitte der Hinterhüften. Beine einfarbig hell. Dornen der Schienen hell, kürzer als die Schiene dick ist. Hinterschiene 4,0–4,3x so lang wie der Fuß. Rechtes Paramer (Abb. 30g) kurz, keulenförmig, Hypophysis schlank, gerade, nach innen gerichtet. Linkes Paramer (Abb. 30h) kurz und breit, Hypophysis sehr kurz, stark gekrümmt, weniger als ein Viertel so lang wie die größte Breite des Paramers, ihr gegenüber eine verdickte Kante. Penis klein, einfach gebaut.

Länge: ♂ = 4,0–4,1 mm, ♀ = 3,2–3,3 mm.

Die Art lebt an Artemisia herba-albae ASSO. Imagines im Mai.

Aus Syrien (Deir ez Zor) bekannt.

Zu S. **II, 224**

Bestimmungstabelle wie folgt ändern:

38 (39) Scheitel beim ♂ 2,0–2,4x, beim ♀ 2,3–2,8x so breit wie das Auge.

38a (38b) Scheitel beim ♂ 2,0x, beim ♀ 2,3x so breit wie das Auge. 2. Fühlerglied beim ♂ so lang, beim ♀ kürzer als die Pronotumbreite.
56a. **O. (M.) dumosus** S. II, 235

38b (38a) Scheitel beim ♂ 2,3–2,4x, beim ♀ 2,6–2,8x so breit wie das Auge. 2. Fühlerglied beim ♂ 1,2–1,3x, beim ♀ 1,0–1,1x so lang wie die Pronotumbreite.

38c (38d) 1. Fühlerglied mit schwarzen Borsten besetzt, von denen einige länger sind als das Glied dick ist (Abb. 31c+d). Kopf stark gewölbt (Abb. 31g+h). Parameren siehe Abb. 31k+l! 56b. **O. (M.) globiceps** S. 50

38d (38c) 1. Fühlerglied mit normalen Borsten. Kopf schwach gewölbt. Parameren siehe Abb. II, 508b+m! 56. **O. (M.) minutus** S. II, 235

39 (38) Wie bisher.

56b. **Orthotylus (Melanotrichus) globiceps** E. WAGNER, 1976

Notul. Ent., Bd. 56, S. 10–11.

♂ schlank und 3,4x, ♀ lang-oval und 3,0x so lang wie die Pronotumbreite (Abb. 31a+b). Leuchtend grün; Kopf, vorderer Teil des Pronotum und Beine orangegelb. Mit schwarzen halbaufgerichteten Haaren und silberweißen anliegenden Schuppenhaaren. Kopf geneigt, seitlich gesehen (Abb. 31g+h) fast kugelig, unterer Teil des Tylus rückwärts gerichtet. Scheitel stumpfkantig, beim ♂ 2,3–2,4x, beim ♀ 2,6–2,8x

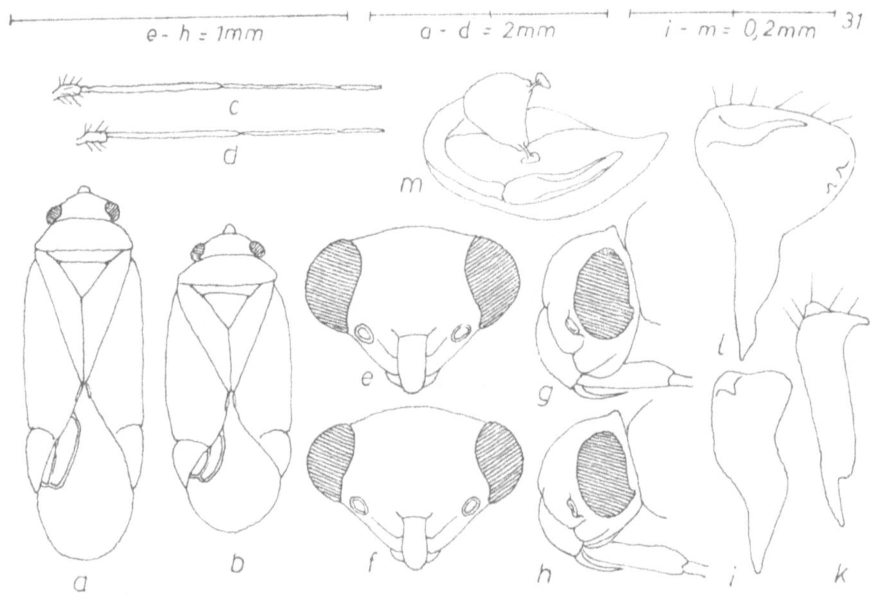

Abb. 31. *Orthotylus (Melanotrichus) globiceps* E. Wagn.

a: ♂ – b: ♀ – c Fühler des ♂ – d Fühler des ♀ – e. Kopf des ♂ von vorn – f dasselbe vom ♀ – g: Kopf des ♂ von links – h: dasselbe vom ♀ – i: rechtes Paramer von links – k: dasselbe von oben – l: linkes Paramer von oben – m Penis von links so breit wie das braune Auge. Fühler (Abb. 31c+d) lang und schlank, gelbbraun; 1. Glied mit abstehenden schwarzen Borsten, von denen einige weit länger sind als das Glied dick ist; 2. Glied beim ♂ 1,3x, beim ♀ 1,0x so lang wie die Pronotumbreite; die beiden Endglieder dunkel und schlanker. Pronotum (Abb. 31a+b) sehr kurz und breit, im vorderen Teil bis hinter die Schwielen orangegelb, der Rest grün. Scutellum meistens orangegelb. Halbdecken grün. Membran rauchgrau, Adern grün oder grau. Rostrum bis zur Mitte der Mittelbrust reichend. Schenkel gelb, Hinterschenkel verdickt. Schienen gelbgrün, mit feinen schwarzen Dornen. Hinterschiene 3,5x so lang wie der Fuß. Rechtes Paramer (Abb. 31i+k) im Apikalteil verbeitert, distal mit zwei Höckern, von denen der obere eine kurze schwarze Hypophysis trägt. Linkes Paramer (Abb. 31l) dreieckig, die Ecken stark abgerundet, Hypophysis gewunden, über die Mitte des Paramers hinausreichend; die gegenüberliegende Ecke trägt 2 Zähne. Penis (Abb. 31m) sehr einfach.

Länge: ♂ = 3,0–3,3 mm, ♀ = 2,5–3,0 mm.

Die Art lebt an Suaeda, Imagines im Mai und Juni.

Aus Spanien (Alicante) bekannt.

Zu S. **II, 224**

45 (46) Oberseite rötlich, graurot, rotbraun oder dunkel olivbraun; aber nie grün oder gelb.

45a (45b) Scheitel beim ♂ 2,0x, beim ♀ 2,4x so breit wie das Auge, hinten gekielt. Beine nie gelbrot. Parameren siehe Abb. II, 508e+p!
59. **O. (M.) rubidus** S. II, 237

45b (45a) Scheitel beim ♂ 2,1–2,3x, beim ♀ 3,0–3,1x so breit wie das Auge, hinten abgerundet. Beine gelbrot. Parameren siehe Abb. 33i+k!
59b. **O. (M.) intricatus** S. 53

46 (45) Oberseite grün oder gelb.

46a (46b) Beine rotgelb. Scheitel ungerandet. Hinterer Teil des Tieres oft rot gefleckt, nie leuchtend grün. Parameren siehe Abb. 34i+k!
59c. **O. (M.) lesbicus** S. 54

46b (46a) Beine nur selten rotgelb, dann ist der hintere Teil des Tieres leuchtend grün.

47 (50) Kopf und Pronotum, oft auch Scutellum und Cuneus rosa, orangegelb oder ockergelb. Corium grün, oft mit dunkelgrünen Punkten.

47a (47b) Scheitel hinten mit stumpfer Kante. Hinterschiene fast 4x so lang wie der Fuß. Genitalien des ♂ siehe Abb. 35g–i! 60a. **O. (M.) flaviceps** S. 55

47b (47a) Scheitel hinten gekielt.

47c (47d) Beide Parameren beilförmig (Abb. 32h+i), mit je 2 schwarzen Zähnen. Hinterschiene 3,1–3,3x so lang wie der Fuß. Das Rostrum reicht bis zur Spitze der Hinterhüften. 59a. **O. (M.) korbanus** S. 52

47d (47c) Parameren nicht beilförmig. Linkes Paramer dreieckig (Abb. II, 508k+n), Hypophysis hell. Hinterschiene 3,0x so lang wie der Fuß.

48 (49) Wie bisher.

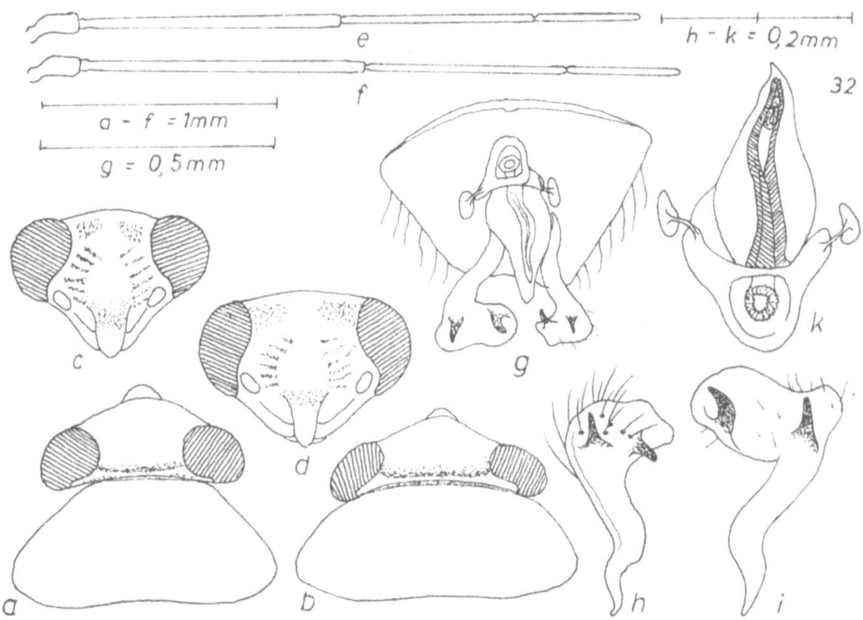

Abb. 32. *Orthotylus (Melanotrichus) korbanus* E. Wagn.
a: Kopf und Pronotum des ♂ von oben – b: dasselbe vom ♀ – c: Kopf des ♂ von vorn – d: dasselbe vom ♀ – e: Fühler des ♂ – f: Fühler des ♀ – g: Genitalsegment des ♂ von oben – h: rechtes Paramer von oben – i: linkes Paramer von oben – k: Penis von oben

59a. **Orthotylus (Melanotrichus) korbanus** E. WAGNER, 1977

Reichenbachia, Bd. 16 (31), S. 311–312.

Länglich-oval, das ♀ breiter, aber von gleicher Länge wie das ♂. Kopf, Pronotum und Scutellum gelb, Halbdecken grün. Behaarung fein, halbaufgerichtete Haare schwarz, anliegende Haare hell. Kopf stark geneigt, 1,40–1,45x so breit wie hoch, Scheitel hinten gekielt, beim ♂ 1,45x, beim ♀ 2,0x so breit wie das Auge. Stirn mit dunklen Querstreifen. Fühler (Abb. 32e+f) einfarbig hell, schlank; 1. Glied etwa so lang wie die Augenbreite; 2. Glied 0,9–1,0x so lang wie die Pronotumbreite. Pronotum (Abb. 32a+b) mehr als 2x so breit wie lang. Membran grau, distal dunkler. Das Rostrum erreicht die Spitze der Hinterhüften. Schenkel rotgelb bis gelbbraun. Dornen der Schienen zart und fein. Hinterschiene 3,1–3,3x so lang wie der Fuß.

Genitalsegment des ♂ (Abb. 32g) kurz und breit, hinten schräg abgestutzt. Parameren klein, beilförmig, mit je 2 schwarzen Zähnen. Linkes Paramer (Abb. 32i) deutlich geknickt, beide Zähne aufwärts gerichtet. Rechtes Paramer (Abb. 32h) ebenfalls mit 2 langen Zähnen, von denen die Hypophysis schräg abwärts gerichtet ist. Penis (Abb. 32k) sehr einfach gebaut, Chitinbänder unverzweigt und ungezähnt.

Länge: ♂ = 3,3–3,7 mm, ♀ = 3,3 mm.

Die Art lebt an Arthrocnemum indicum MOP. Imagines im Mai.

Aus Tunesien (Korba und El Malah Zarzle) bekannt.

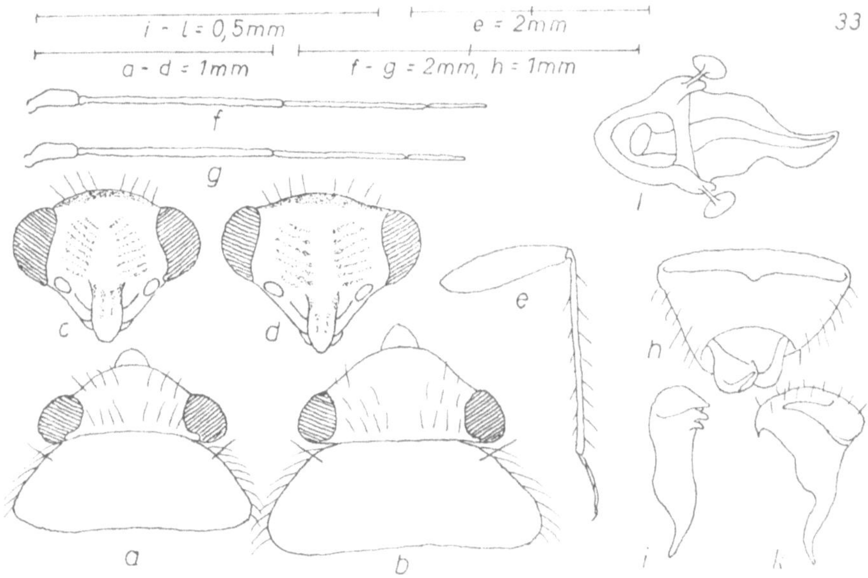

Abb. 33. *Orthotylus (Melanotrichus) intricatus* E. Wagn.
a Kopf und Pronotum des ♂ von oben – b: dasselbe vom ♀ – c Kopf des ♂ von vorn – d dasselbe vom ♀ – e: Hinterbein des ♂ – f: Fühler des ♂ – g: Fühler des ♀ – h: Genitalsegment des ♂ von oben – i: rechtes Paramer von oben – k. linkes Paramer von oben – l: Penis von oben

59b. **Orthotylus (Melanotrichus) intricatus** E. WAGNER, 1975

Bull. Zool. Mus. Amsterdam, Bd. 4 (17), S. 144–148.

Dunkel olivfarben, Beine rotgelb. Kopf gelb mit roter Zeichnung (Abb. 33c+d). Scheitel beim ♂ 2,1–2,3x, beim ♀ 3,0–3,1x so breit wie das Auge (Abb. 33a–d), ohne Rand oder Kante. Fühler gelbbraun, schlank (Abb. 33f+g); 2. Glied beim ♂ 1,2x, beim ♀ 1,1–1,2x so lang wie die Pronotumbreite; 3. und 4. Glied schwärzlich. Kopf und Pronotum mit langen Haaren. Pronotum (Abb. 33a+b) trapezförmig, Ecken abgerundet. Das Rostrum erreicht die Spitze der Hinterhüften. Beine gelbrot. Schenkel schlank. Schienen mit feinen schwarzen Dornen, die länger sind als der Durchmesser der Schiene. Hinterschiene (Abb. 33e) 3,5x so lang wie der Fuß.

Genitalsegment des ♂ (Abb. 33h) schief trapezförmig. Rechtes Paramer (Abb. 33i) keulenförmig, Hypophysis kurz und dick, unter ihr 2 Zähne. Linkes Paramer (Abb. 33k) dreieckig, Hypophysis dick und fast gerade, über die Mitte des Paramers hinausreichend, Sinneshöcker mit 1–2 nach unten gerichteten Zähnen. Penis (Abb. 33l) sehr einfach.

Länge: ♂ = 2,90–3,15 mm, ♀ = 2,8–3,3 mm.

An einer Salicornia-Art aus der S. europaea-Gruppe. Imagines im November.

Auf der Insel Lesbos gefunden.

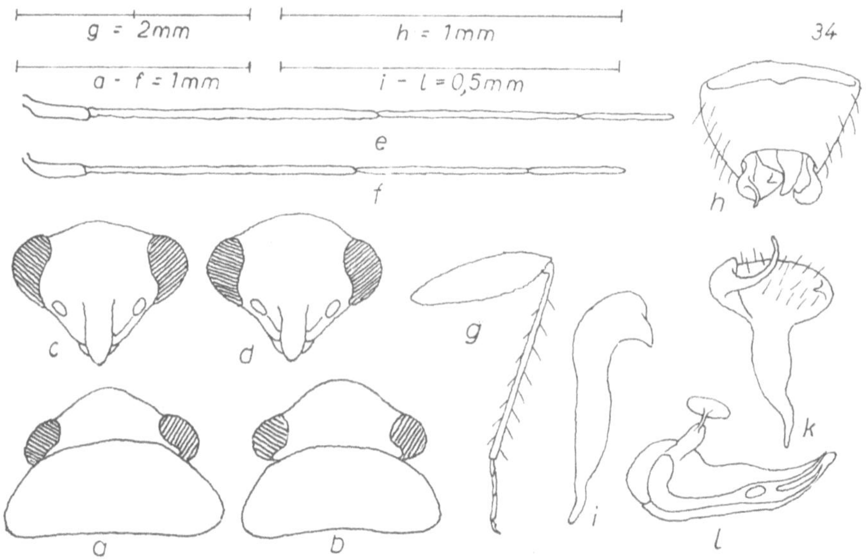

Abb. 34. *Orthotylus (Melanotrichus) lesbicus* E. Wagn.
a: Kopf und Pronotum des ♂ von oben – b: dasselbe vom ♀ – c: Kopf des ♂ von vorn – d: dasselbe vom ♀ – e: Fühler des ♂ – f: Fühler des ♀ – g: Hinterbein des ♂ – h: Genitalsegment des ♂ von oben – i: rechtes Paramer von oben – k: linkes Paramer von oben – l: Penis von links

59c. **Orthotylus (Melanotrichus) lesbicus** E. WAGNER, 1975

Bull. Zool. Mus. Amsterdam, Bd. 4 (17), S. 145–148; E. WAGNER 1976, Reichenbachia, Bd. 16 (8), S. 122.

Der vorigen Art sehr ähnlich, aber heller und weniger lang und dicht behaart. Grundfarbe hell ockergelb, rot gefleckt. Beine rotgelb. ♂ etwa 3x, ♀ 2,9–3,2x so lang wie die Pronotumbreite. ♀ oft brachypter. Scheitel beim ♂ 2,4–2,6x, beim ♀ 2,5–2,7x so breit wie das Auge (Abb. 34a–d). Fühler hell (Abb. 34e+f); 2. Glied sehr lang, beim ♂ 1,3–1,4x, beim ♀ 1,4x so lang wie die Pronotumbreite; 3. und 4. Glied nur wenig dunkler. Das Rostrum überragt die Hinterhüften. Schenkel (Abb. 34g) schlank. Schienen mit schwarzen Haaren und langen schwarzen Dornen. Hinterschiene 3,3x so lang wie der Fuß.

Rechtes Paramer (Abb. 34i) keulenförmig, Hypophysis dick. Linkes Paramer (Abb. 34k) mit schlanker, stark aufwärts gekrümmter Hypophysis, Sinneshöcker mit kleinem Zahn. Penis (Abb. 34l) sehr schlank, Vesika zweispitzig.

Länge: ♂ = 2,6–3,0 mm, ♀ = 2,45–3,2 mm.

Auch *O. lesbicus* lebt an einer Salicornia-Art aus der S. europaea-Gruppe. Imagines im Oktober und November.

Auf der Insel Lesbos gefangen.

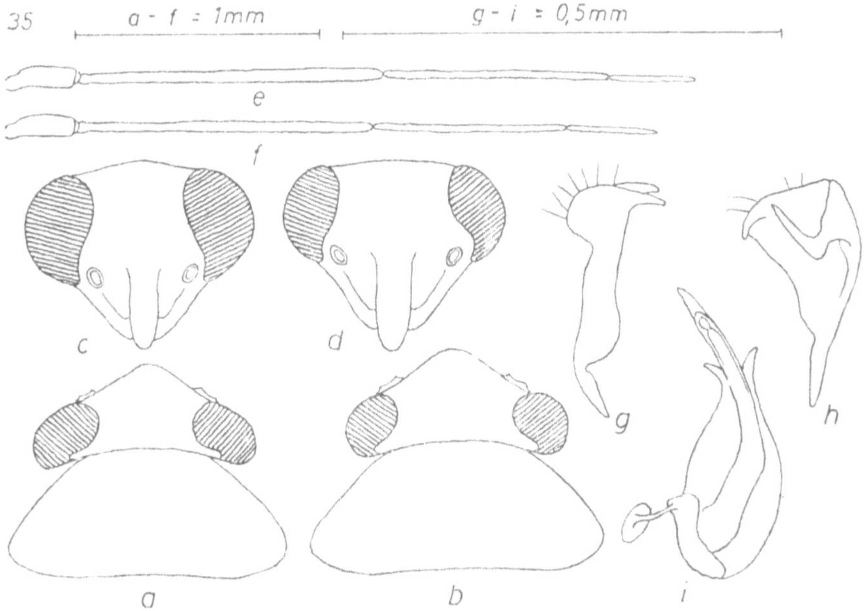

Abb. 35 *Orthotylus (Melanotrichus) flaviceps* E. Wagn.
a: Kopf und Pronotum des ♂ von oben – b: dasselbe vom ♀ – c: Kopf des ♂ von vorn – d: dasselbe vom ♀ – e: Fühler des ♂ – f: Fühler des ♀ – g: rechtes Paramer von oben – h: linkes Paramer von oben – i: Penis von links

60a. **Orthotylus (Melanotrichus) flaviceps** E. WAGNER, 1974

Ent. Ber., Bd. 34, S. 72–73.

Länglich-oval, das ♂ 3,0–3,2x, das ♀ 2,8–3,1x so lang wie die Pronotumbreite. Vorderer Teil des Tieres und Schenkel gelb, der Rest grün. Behaarung weißgelb, nur im hinteren Teil feine, braune, halbaufgerichtete Haare. Kopf (Abb. 35a+b) groß, dreieckig, 0,8x so hoch wie breit (Abb. 35c+d). Scheitel beim ♂ 1,4x, beim ♀ 2,1–2,3x so breit wie das Auge, hinten mit stumpfer Kante. Fühler (Abb. 35e+f) hell, schlank; 2. Glied beim ♂ 1,1x, beim ♀ 0,9–1,1x so lang wie die Pronotumbreite. Pronotum 1,2–1,4x so breit wie der Kopf. Clavus und Corium stets grün. Membran grau, Adern gelb. Selten sind beim ♂ die Halbdecken verkürzt und reichen nur bis zum 5. Tergit. Unterseite gelb. Das Rostrum erreicht die Spitze der Hinterhüften. Beine weißgelb, Schenkel orangegelb. Schienen mit hellen Dornen, ohne Punkte. Rechtes Paramer (Abb. 35g) schlank, distal kopfartig verdickt und mit zwei parallelen Spitzen. Linkes Paramer (Abb. 35h) dreieckig, die linke Seite nach innen gebogen. Hypophysis lang und stark gekrümmt, die Spitze aufwärts gerichtet, an der rechten Ecke ein kurzer, gekrümmter Fortsatz. Spitzen der Theka nach außen gekrümmt. Vesika schlank (Abb. 35i).

Länge: ♂ makropt. = 3,4–3,7 mm, ♂ brachypt. = 2,3 mm, ♀ makropt. = 3,2–3,8 mm. Von der Insel Zypern (Akrotiri, SW von Limassol) bekannt. Imagines im Juni.

Zu S. **II, 260**

Bei **Mecomma ambulans** (FALLÉN), 1807 hinter der Längenangabe einfügen:

Mecomma ambulans montana JOSIFOV, 1969

Reichenbachia, Bd. 12 (4), S. 35–36.

Den Verfassern unbekannt. Beschreibung nach JOSIFOV.

M ä n n c h e n : Langgestreckt, 4,4–4-6x so lang wie die Pronotumbreite. Scheitel 1,4–1,5x so breit wie das Auge. 2. Fühlerglied fast 1,5x so lang wie die Pronotumbreite. Beine länger als bei der Nominatrasse. Makropter.

W e i b c h e n : Wie bei der Nominatrasse.

Länge: ♂ = 4,5–5,2 mm.

Die Subspezies wurde an Erodium gefunden. Imagines im August.

Bisher nur in Bulgarien (Rila-Gebirge) gefunden.

Zu S. **II, 290**

Vor der 1. Zeile einfügen:

B e s t i m m u n g s s c h l ü s s e l
für die Arten von *Laurinia* REUT.

1 (2) Scheitel beim ♂ 1,8–2,0x so breit wie das Auge. Halbdecken in Höhe des Cuneus schmaler als das Pronotum. Linkes Paramer auf der Spitze des Sinneshöckers mit einem Haarbüschel. Das kürzere Chitinband der Vesika ist etwa halb so lang wie das längere (Abb. II, 548i+k). 1. **L. fugax** S. II, 290

2 (1) Scheitel beim ♂ 1,4x so breit wie das Auge. Halbdecken in Höhe des Cuneus deutlich breiter als das Pronotum. Das Haarbüschel des linken Paramers sitzt von der Spitze des Sinneshöckers weit entfernt. Das kürzere Chitinband der Vesika ist weniger als ein Fünftel so lang wie das längere. ♀ unbekannt. 2. **L. elongata** S. 56

2. **Laurinia elongata** RIBES, 1976

Mediterranea, Dep. Biol. Fac. Sci. Alicante, S. 36–41.

M ä n n c h e n : Länglich, 4,3x so lang wie die Pronotumbreite. Von gleicher Färbung und Zeichnung wie vorige Art. Glänzend. Kopf kurz, 2,43x so lang wie breit. Augen den Vorderrand des Pronotums nach hinten überragend. Scheitel 1,4x so breit wie das Auge. Fühler mit kurzen hellen Haaren. 1. Glied hell, rötlich; 2. Glied 0,88x so lang wie die Pronotumbreite und kürzer als das 3. und 4. Glied zusammen. Vorderer Abschnitt des Pronotum 0,4x so breit wie der hintere, letzterer stark gewölbt. Halbdecken das Abdomen weit überragend, wie bei voriger Art gezeichnet. Beine dunkelbraun. Spitzen der Schenkel heller. Schienen vor der Spitze mit rötlichem Ring. Klauen stärker gekrümmt als bei *L. fugax* REUT. Sonst wie diese Art.

Genitalsegment am linken Rand der Öffnung ohne Spitze. Linkes Paramer mit spitzem Sinneshöcker; das Haarbüschel sitzt etwas von der Spitze entfernt am oberen Rand. Hypophysis spitz, der rückwärtsgerichtete Zahn weit größer als bei voriger Art. Das größere Chitinband der Vesika schlank, gekrümmt, das kleinere sehr kurz.

Länge: ♂ = 5,7 mm, ♀ unbekannt.

Bisher nur 1 ♂ aus Spanien: Alicante (Arenals del Sol) im April bekannt.

Zu S. **II, 309**

Bei **Pilophorus angustulus** REUTER, 1888 hinter dem Namen einfügen:

Syn.: *P. coiffaiti* JOSIFOV, 1973, Reichenbachia, Bd. 14 (19), S. 151–152; E. WAGNER 1975, Reichenbachia, Bd. 15 (39), S. 284.

Zu S. **II, 321**

Bestimmungstabelle wie folgt ändern:

8 (7) Halbdecken beim ♂ mit 2–3 weißlichen Querbinden (Abb. II, 572).

8a (8b) Augen nicht die ganze Kopfseite bedeckend. Stirn und Scheitel nicht mit schmalen weißen Querstreifen. Halbdecken des ♀ nur bis zum 1. Tergit reichend (Abb. II, 574b+d). 118. Gattung **Systellonotus** S. II, 326

8b (8a) Augen die ganze Kopfseite bedeckend (Abb. 37e). Stirn und Scheitel schwarz, mit 4 schmalen weißlichen Querstreifen (Abb. 37c+d) und 1 mittleren Längsstreifen. Halbdecken des ♀ über die Mitte des Abdomens weit hinausragend. 125. Gattung **Paralaemocoris** S. II, 352

9 (6) Wie bisher.

und weiter unten:

22 (23) streichen, dafür

22 (23) Halbdecken mit 1 deutlichen Querbinde (Abb. 36a). Tylus von der Stirn durch eine Einkerbung getrennt. Außenrand der Halbdecken im vorderen Teil eingebuchtet und dort schmal hell (Abb. 36a). 124a. Gattung **Neolaemocoris** S. 57

23 (22) Halbdecken mit 2, oft undeutlichen Querbinden (Abb. II, 591a–c). Außenrand der Halbdecken proximal nicht eingebuchtet. 127. Gattung **Hallodapus** S. II, 353

Zu S. **II, 328 und II, 332:**

Der Name **Systellonotus kiritshenkoi** POPPIUS, 1912 ist zu ändern in **Systellonotus discoidalis** HORV., 1894. Der Name *S. kiritshenkoi* POPP. wird Synonym dazu.

Zu S. **II, 352**

Vor **Paralaemocoris** LINNAV. einfügen:

124a. Gattung NEOLAEMOCORIS E. WAGNER, 1975

Typus-Art: *N. pardoi* E. WAGN.
Reichenbachia, Bd. 15 (24), S. 200–201.

Halbdecken der f. brachypt. nur wenige Segmente freilassend (Abb. 36a). Membran nur ein schmaler Saum. Scheitel ohne Rand oder Kante (Abb. 36c). Auge flach (Abb. 36b), Tylus nicht vorstehend, aber durch eine Einkerbung von der Stirn getrennt. Fühler kräftig (Abb. 36d), ihr 3. Glied deutlich kürzer als das 2. Glied. Scutellum ohne Zapfen oder Höcker. Außenrand des Corium im vorderen Teil eingebuchtet (Abb. 36a). Hinter der Scutellumspitze eine schmale Querbinde, die an der Clavusnaht unterbrochen ist. 3. Glied der Hintertarsen (Abb. 36e) länger als das 2. Glied.

Einzige Art:

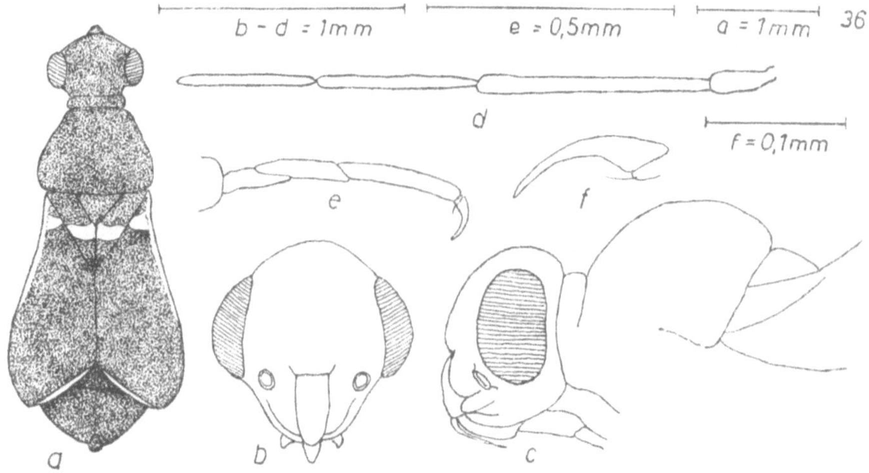

Abb. 36. *Neolaemocoris pardoi* E. Wagn., ♀
a: Gestalt – b: Kopf von vorn – c: vorderer Teil von links – d: Fühler – e: Hinterfuß
f: Klaue desselben von außen

Neolaemocoris pardoi E. WAGNER, 1975

Reichenbachia, Bd. 15 (24), S. 199–200.

W e i b c h e n : Birnenförmig. Schwarz, teilweise schwarzbraun. Glänzend. Behaarung hell. Kopf (Abb. 36a–c) kugelig. Wangenplatten abstehend (Abb. 36 b). Fühler (Abb. 36d) braun, distal schwarz. 1. Glied hell, an der Basis braun; 2. Glied hell, distal verdunkelt, so lang wie die Pronotumbreite; 3. Glied 0,84x so lang wie das 2. und 1,12x so lang wie das 4. Glied. Glieder 3 und 4 etwas dünner als das 2., schwarzbraun. Pronotum (Abb. 36a) trapezförmig, 1,19x so breit wie der Kopf, stark gewölbt (Abb. 36c). Scutellum klein. Außenrand des Corium bis etwas über die Mitte hinaus aufgehellt. Hinterrand des Corium schräg. Unterseite schwarzbraun. Rostrum gelb, die Vorderhüften überragend. Beine schwarzbraun bis schwarz. Spitzen aller Schenkel aufgehellt. Tarsen gelbbraun bis braun. 3. Glied der Hintertarsen (Abb. 36e) etwa so lang wie das 1. und 2. Glied zusammen.

Länge: ♀ = 3,4 mm, ♂ unbekannt.

Lebensweise unbekannt. Imago im Oktober.

Bisher nur einmal in Marruecos (Marokko: Sidi Sadek) von PARDO gefangen.

125. Gattung **PARALAEMOCORIS** LINNAVUORI, 1964

Ann. Zool. Fenn., Bd. 1, S. 326–328.

Der Text über diese Gattung enthält einige Fehler: Der Scheitel ist stumpfkantig (Abb. 37e). Das 3. Fühlerglied ist fast so lang wie das 4. (Abb. 37b). Bei seitlicher Betrachtung bedeckt das Auge die ganze Kopfseite (Abb. 37e) und reicht bis zur Kehle. Die Gattung muß daher hinter *Systellonotus* FIEB. eingeordnet werden.

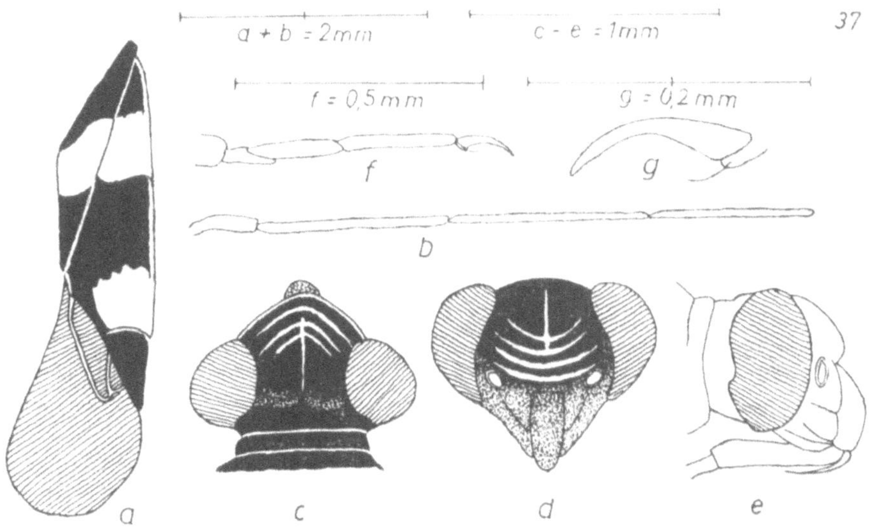

Abb. 37. *Paralaemocoris strigifrons* Reut., ♂

a: Halbdecke – b Fühler – c Kopf von oben – d: Kopf von vorn – e: Kopf von rechts – f Hinterfuß – g Klaue desselben von außen

Zu S. **II, 372**

Bestimmungstabelle wie folgt ändern:

19a (19b) Sehr große Art, Länge beim ♂ 6,0–7,3 mm, beim ♀ 5,5–5,9 mm. Apikalteil der Vesika (Abb. 38l) ohne längere, seitwärts gerichtete Fortsätze. Scheitel beim ♂ 1,95x, beim ♀ 2,42x so breit wie das Auge. 7a. **M. (M.) talhouki** S. 59

19b (19a) Länge beim ♂ 4,6–5,5 mm, beim ♀ 3,5–5,4 mm. Vesika (Abb. II, 610 b–d) mit 1–2 längeren, zur Seite gerichteten Fortsätzen. Scheitel beim ♂ 1,45–1,67x, beim ♀ 1,7–2,4x so breit wie das Auge, selten beim ♂ 1,8x so breit, dann ist die Stirn einfarbig schwarz (Abb. II, 611a).

20 (21) Wie bisher.

7a. **Macrotylus (Macrotylus) talhouki** E. WAGNER, 1976

Reichenbachia, Bd. 16 (10), S. 135–137.

Sehr groß, ♂ schlank und 4,0–4,8x, ♀ mehr oval und 3,6–4,0x so lang wie die Pronotumbreite. Hell grünlichgrau, vorderer Teil mehr gelblich. Schwielen des Pronotum und 2 Flecke im Basalteil des Scutellum orange. Kopf und Halbdecken mit schwarzbrauner bis schwarzer Zeichnung, die beim ♂ stärker ausgedehnt ist (Abb. 38b–e). Behaarung oberseits schwarz, lang, etwas struppig. Kopf gelblich, beim ♂ mit schwarzer Zeichnung (Abb. 38b+d), beim ♀ mit schwarzem Tylus und schwarzem Fleck hinter dem Auge (Abb. 38c+e). Scheitel beim ♂ 1,95x, beim ♀ 2,40–2,45x so breit wie das Auge. Fühler (Abb. 38g+h) schwarz, 2. Glied beim ♀ vor der Mitte aufgehellt, beim ♂ 1,0x, beim ♀ 0,83x so lang wie die Pronotumbreite. Pronotum graugrün, Schwielen orange, beim ♂ ist ihre Umgebung schwarz (Abb. 38d+e). Scutellum

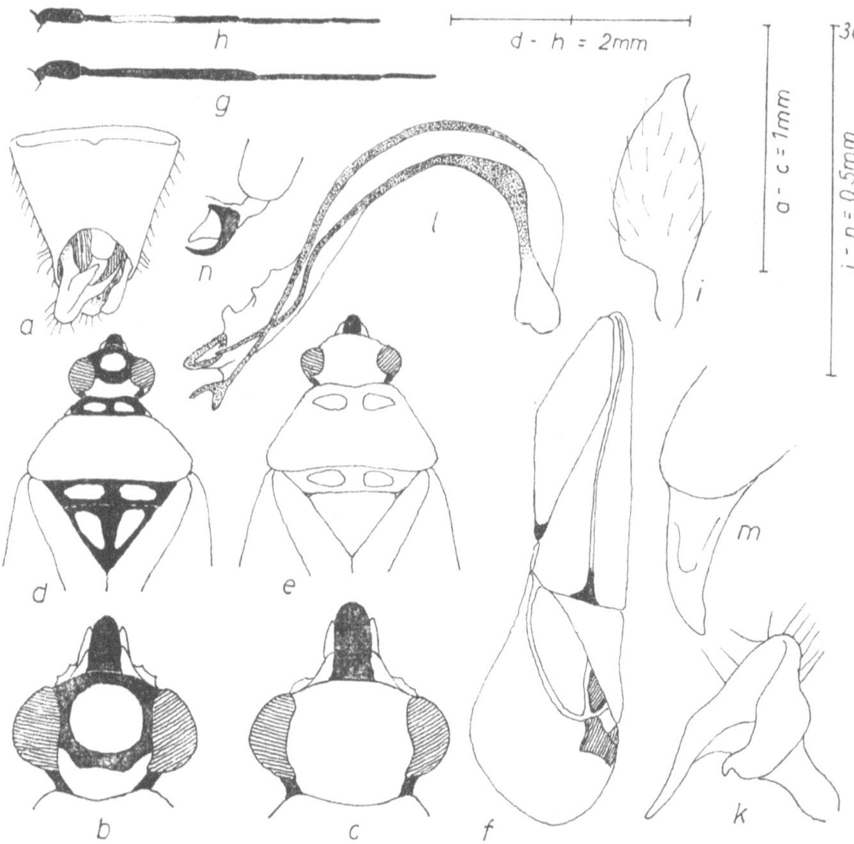

Abb. 38. *Macrotylus (Macrotylus) talhouki* E. Wagn.
a: Genitalsegment des ♂ von oben – b: Kopf des ♂ schräg von oben – c: dasselbe vom ♀ – d: vorderer Teil des ♂ von oben – e: dasselbe vom ♀ – f: rechte Halbdecke des ♂ – g: Fühler des ♂ – h: Fühler des ♀ – i: rechtes Paramer von oben – k: linkes Paramer von oben – l: Vesika von links – m: Apikalteil der Theka von rechts – n: Klaue des Hinterfußes von außen

beim ♀ hell, beim ♂ schwarz mit 4 hellen Flecken, von denen die beiden basalen orange gefärbt sind. Halbdecken hell graugrün (Abb. 38f), Clavusspitze schmal schwarz, am Hinterrand des Corium, in der kleinen Zelle und hinter den Zellen der Membran schwarze Flecke. Das Rostrum erreicht die Spitze der Mittelhüften. Beine gelb. Schenkel an der Spitze breit schwarz; ebenso die Enden der Schienen und die Tarsen. Haftläppchen die Spitzen der Klauen erreichend (Abb. 38n).

Genitalsegment des ♂ (Abb. 38a) kegelförmig. Rechtes Paramer (Abb. 38i) groß, oval, Hypophysis nach innen gerichtet. Linkes Paramer (Abb. 38k) mit sehr langer, gerader Hypophysis, auf dem Sinneshöcker eine abwärts gerichtete Spitze. Vesika (Abb. 38l) U-förmig, Apikalteil nur wenig verbreitert und nur mit 2 geradeaus gerichteten Chitinstäben, von denen der längere distal gegabelt ist. Gonopore an der Spitze einer membranösen Fläche gelegen, deren Rand mehrere Höcker trägt.

Länge: ♂ = 6,0–7,2 mm, ♀ = 5,5–5,9 mm.
Im Zedernwald in 2000 m Höhe im Juli gefangen.
Aus dem Nordlibanon (Cedars) bekannt, leg. A. S. TALHOUK.

Zu S. **II, 374**
Bestimmungstabelle wie folgt ändern:

36 (35) Das Rostrum reicht bis zur Mitte oder bis zur Spitze der Hinterhüften.

37 (38) Kopf von oben gesehen etwa so lang wie breit.

37a (37b) Scheitel beim ♂ 1,6x, beim ♀ 2,3x so breit wie das Auge. Vesika siehe Abb. II, 612a! 14. **M. (M.) ancoratus** S. II, 386

37b (37a) Scheitel beim ♂ 1,2x, beim ♀ 1,75x so breit wie das Auge. Vesika siehe Abb. 39h! 16a. **M. (M.) tamerus** S. 62

38 (37) Wie bisher.

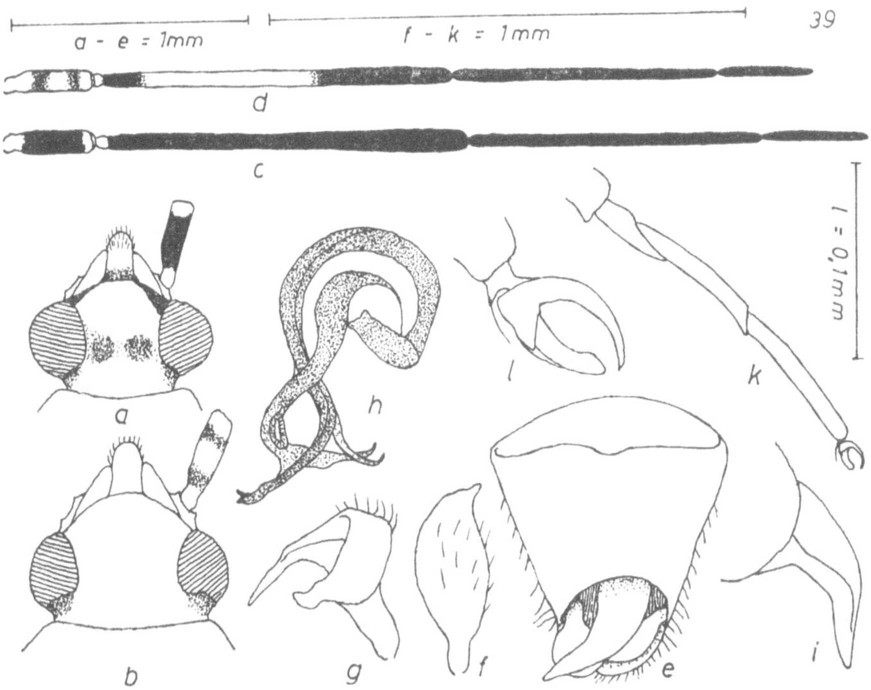

Abb. 39. *Macrotylus (Macrotylus) tamerus* E. Wagn.
a: Kopf des ♂ von oben – b: dasselbe vom ♀ – c: Fühler des ♂ – d: Fühler des ♀ – e: Genitalsegment des ♂ von oben – f: rechtes Paramer von oben – g: linkes Paramer von oben – h: Vesika von links – i: Apikalteil der Theka von rechts – k: Hinterfuß – l: Klaue desselben von außen

16a. **Macrotylus (Macrotylus) tamerus** E. WAGNER, 1975

Reichenbachia, Bd. 15 (31), S. 269–271.

Grünlichgrau, mit feiner schwarzer Behaarung, äußerlich dem *M. solitarius* M.-D. ähnlich. Scheitel meistens mit 2 runden Flecken (Abb. 39a), beim ♂ 1,2x, beim ♀ 1,75x so breit wie das Auge. 1. Fühlerglied beim ♂ schwarz mit weißlichen Enden, beim ♀ hell mit 2 dunklen Ringen (Abb. 39c+d); 2. Glied schwarz, beim ♀ in der Mitte breit aufgehellt, so lang wie die Pronotumbreite; 3. und 4. Glied schwarz. Scutellum ungefleckt. An der Cubitalader des Corium im hinteren Teil oft ein kleiner dunkler Längsstreif. Membran gleichmäßig rauchgrau, Adern heller. Die Apikalhälfte aller Schienen verdunkelt. Das Rostrum reicht bis zur Mitte der Hinterhüften.

Genitalsegment des ♂ (Abb. 39e) groß, kegelförmig. Vesika (Abb. 39h) robust, stark gekrümmt, ähnlich derjenigen von *M. anahtaris* SEID., aber robuster und kürzer, der äußere Fortsatz länger, die sekundäre Gonopore weiter von der Spitze entfernt.

Länge: ♂ = 5,8–6,2 mm, ♀ = 5,7–6,0 mm.

In Syrien (Tell Tamer) im Mai von ECKERLEIN gefangen.

Zu S. **II, 376**

Bestimmungstabelle wie folgt ändern:

45 (46) Scheitel beim ♂ 1,6–1,7x, beim ♀ 2,0–2,1x so breit wie das Auge. ♀ deutlich größer als ♂.

45a (45b) Pronotum mit 3 dunklen Längsbinden. Länge beim ♂ 3,1–3,4 mm, beim ♀ 4,7–5,1 mm. Vesika (Abb. II, 614g) schlank, distal mit 2 Chitinstäben in einer membranösen Fläche. 21. **M. (A.) elevatus** S. II, 390

45b (45a) Pronotum ohne Längsbinden. Länge beim ♂ 4,2–4,5 mm, beim ♀ 4,6 bis 5,1 mm. Vesika (Abb. 40k) mit 2 Chitinstäben, von denen der innere frei hervorragt, viel robuster. 21a. **M. (A.) weberi** S. 62

46 (45) Wie bisher.

21a. **Macrotylus (Alloeonycha) weberi** E. WAGNER, 1976

Reichenbachia, Bd. 16 (10), S. 137–139.

Dem *M. solitarius* M.-D. ähnlich, aber kleiner und ohne die charakteristische Zeichnung der Membran. Länglich, ♂ und ♀ 3,6x so lang wie die Pronotumbreite, das ♂ kleiner als das ♀. Hell graugrünlich, Halbdecken mit dunklen Längsstreifen. Auf Kopf und Pronotum kräftige, kurze schwarze Haare, die auf den Halbdecken nur spärlich vorhanden sind; außerdem mit längeren, feineren hellen Haaren, die vor allem auf den Halbdecken deutlich sind. Matt, glatt, Halbdecken mit undeutlichen Punktgruben. Kopf (Abb. 40a–d) vorgestreckt, fast doppelt so lang wie hoch. Tylus dick, rückwärts gekrümmt. Scheitel beim ♂ 1,7x, beim ♀ 2,0–2,1x so breit wie das kleine rotbraune Auge, ohne Rand oder Kante. Fühlerwurzeln erhaben, ziemlich weit vor den Augen gelegen. Fühler (Abb. 40e+f) kräftig, oft teilweise verdunkelt; 2. Glied auffallend kräftig, mehr als halb so dick wie das 1., beim ♂ 1,1x, beim ♀ 0,9x so lang wie die Pronotumbreite. Pronotum oft grünlich, Seiten gerade, Schwielen undeutlich. Clavusader und Radialadern des Corium erhaben, weißlich. Exocorium stets hell. Membran grau, die kleine Zelle stets dunkler. Das Rostrum erreicht die Spitze der Hinterhüften. Schenkel und Schienen ungefleckt. Dornen der Schienen kurz und schwarz. Spitze der Tarsen schwarz. Klauen (Abb. 40g) sehr klein, Haftläppchen breit.

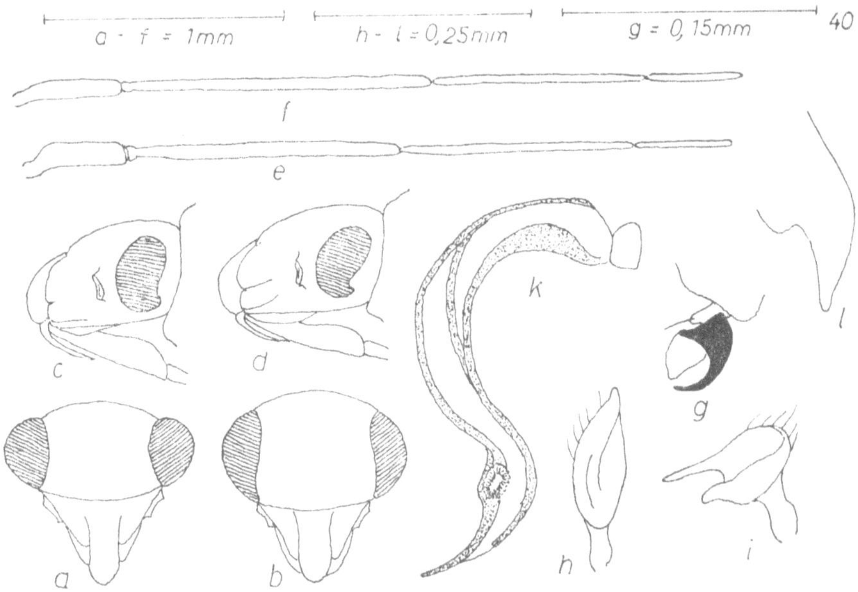

Abb. 40 *Macrotylus (Alloeonycha) weberi* E. Wagn.

a: Kopf des ♂ von oben – b dasselbe vom ♀ – c Kopf des ♂ von links – d dasselbe vom ♀ – e Fühler des ♂ – f: Fühler des ♀ – g Klaue des Hinterfußes von außen – h rechtes Paramer von oben – i linkes Paramer von oben – k: Vesika von links – l Apikalteil der Theka von rechts

Rechtes Paramer (Abb. 40h) löffelförmig. Linkes Paramer (Abb. 40i) mit 2 parallelen, geraden Fortsätzen. Vesika (Abb. 40k) groß, robust, S-förmig, distal innen ein langer, gekrümmter Chitinstab, außen eine kürzere Spitze.

Länge: ♂ = 4,2–4,5 mm, ♀ = 4,6–5,0 mm.

Aus der Türkei (Ürgüp, Usak, Lurgop, G. Ack, Kaiserie) bekannt. Imagines im Mai und Juni.

Zu S. **II, 376**

Bestimmungstabelle wie folgt ändern:

53 (52) Wie bisher.

53a (53b) Scheitel beim ♂ 2,1–2,5x, beim ♀ 2,6–3,0x so breit wie das Auge. 2. Fühlerglied so lang oder kürzer als die Pronotumbreite. Das Rostrum erreicht die Spitze der Hinterhüften. 25a. **M. (A.) minor** S. 64

53b (53a) Scheitel beim ♂ 1,9–2,2x, beim ♀ 2,4–2,6x so breit wie das Auge. 2. Fühlerglied länger als die Pronotumbreite. Das Rostrum überragt die Hinterhüften beträchtlich.

54 (55) Wie bisher.

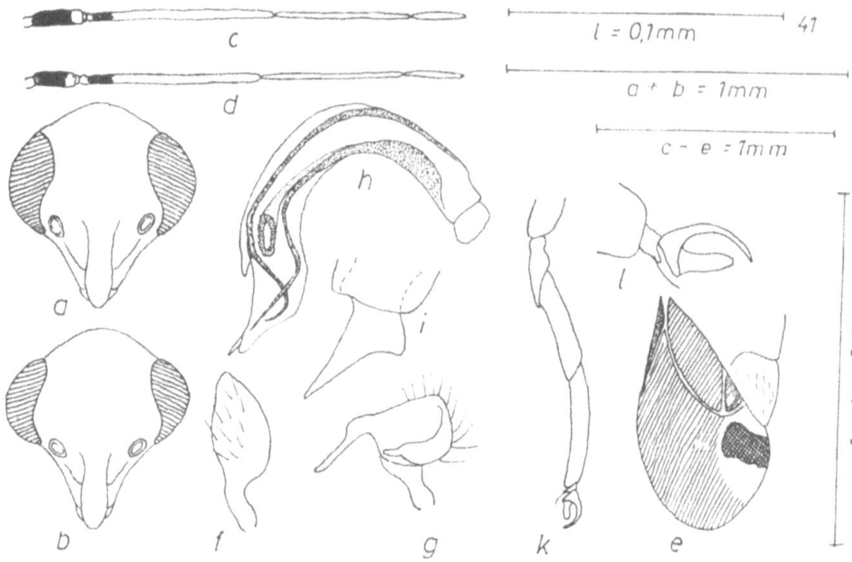

Abb. 41. *Macrotylus (Alloeonycha) minor* E. Wagn.

a: Kopf des ♂ von vorn – b: dasselbe vom ♀ – c Fühler des ♂ – d Fühler des ♀ – e: Membran – f. rechtes Paramer von oben – g linkes Paramer von oben – h Vesika von links – i: Apikalteil der Theka von links – k Hinterfuß – l Klaue desselben von außen

Zu S. **II, 392**

25a. **Macrotylus (Alloeonycha) minor** E. WAGNER, 1975

Reichenbachia, Bd. 15 (31), S. 271–272.

Klein und schlank, in Färbung und Zeichnung dem *M. paykulli* FALL. sehr ähnlich. Schwarze Behaarung feiner. Scheitel beim ♂ 2,1–2,5x, beim ♀ 2,6–3,0x so breit wie das Auge (Abb. 41a+b). Fühler (Abb. 41c+d) hellgelb, 1. Glied schwarz mit hellen Enden; 2. Glied nahe der Basis mit schwarzem Ring, so lang oder kürzer als die Pronotumbreite. Das Rostrum erreicht die Spitze der Hinterhüften. Rechtes Paramer (Abb. 41f) ohne erkennbare Hypophysis. Die Chitinbänder enden vor der Spitze der Vesika (Abb. 41h). Sonst wie *M. paykulli* FALL.

Länge: ♂ = 2,6–2,8 mm.

Es ist nicht ausgeschlossen, daß hier ein Rassenkreis vorliegt, der die Arten *M. paykulli* FALL., *M. interpositus* E. WAGN. und *M. minor* E. WAGN. umfaßt.

M. minor lebt an Marrubium vulgare L. Imagines im Mai.

Bisher nur in Syrien (Kamechlie, Ragga) gefunden.

Zu S. **II, 407**

Bestimmungstabelle wie folgt ändern:

2 (3) Fühler einfarbig braun.

2a (2b) Scheitel beim ♂ 1,23x, beim ♀ 2,0x so breit wie das Auge. Oberseite mit dunklen Flecken.

Die im Gebiet um das Kaspische Meer lebende **A. fuscomaculata** REUT.

2b (2a) Scheitel beim ♂ 0,92x so breit wie das Auge. Oberseite ohne dunkle Flecke. 1a. **A. astarte** S. 65

3 (2) Wie bisher.

1a. **Atomophora astarte** LINNAVUORI, 1971

Stuttgart. Beitr. z. Naturk., Nr. 229, S. 3–4.

Unter diesem Namen beschreibt LINNAVUORI die beiden ♂♂, die er zuvor unter dem Namen *A. fuscomaculata* REUT. gemeldet hatte. Den Verfassern unbekannt. Beschreibung nach LINNAVUORI.

Weißgelb, mit rötlichen Tönen, Halbdecken mit Spuren brauner Flecke. Körper robust, 2,7x so lang wie breit. Behaarung hell. Scheitel beim ♂ 0,92x so breit wie das Auge. 2. Fühlerglied so lang wie die Pronotumbreite. Fühler einfarbig gelbbraun. Schienen mit feinen hellen Haaren, ohne dunkle Punkte.

Länge: ♂ = 3,25 mm, ♀ unbekannt.

Aus Israel (Eilat) bekannt. Imagines im Juni.

Weiter unten auf S. 407 Bestimmungstabelle wie folgt ändern:

5 (6) 1. Fühlerglied schwarz oder braun, seine Spitze schmal hell. 2. Glied nahe der Basis mit schwarzem oder braunem Ring (Abb. II, 625f).

5a (5b) Spitze des Cuneus breit hell. Flecken des Corium größer, oft zusammenfließend. Scheitel 1,5–1,7x so breit wie das Auge. 3a. **A. pantherina** S. II, 408

5b (5a) Spitze des Cuneus gleichfarben. Flecken des Corium kleiner, getrennt. Scheitel beim ♂ 1,0–1,1x, beim ♀ 1,78x so breit wie das Auge. 3a. **A. nut** S. 65

6 (5) 1. Fühlerglied hell, oft nahe der Spitze mit dunklem oder rotem Ring (Abb. II, 625h) oder Punkt (Abb. 42b).

6a (6b) Scheitel beim ♂ 1,0–1,1x, beim ♀ 1,95x so breit wie das Auge (Abb. II, 625b). 4. **A. macrophthalma** S. II, 409

6b (6a) Scheitel beim ♂ 2,2–2,3x so breit wie das Auge (Abb. 42a). 5. **A. basipunctata** S. 66

3a. **Atomophora nut** LINNAVUORI, 1971

Stuttgart. Beitr. z. Naturk., Nr. 229, S. 7.

LINNAVUORI teilt *A. pantherina* REUT. in 2 Arten auf, die sich nur geringfügig zu unterscheiden scheinen. Die angeblich breitere Gestalt bei *A. nut* LINNAV. scheint in den Zeichnungen bei LINNAVUORI ins Gegenteil verkehrt zu sein. Die Scheitelbreite gibt keinen klaren Unterschied. Es verbleiben also nur Färbungs- und Zeichnungsmerkmale. Uns erscheint die Art daher fragwürdig. Die Zeichnungen der Vesika helfen hier auch nicht weiter.

Als Wirtspflanze wird Calligonum comosum angegeben. Imagines im März und Mai.

Länge: ♂, ♀ = 3,50–3,75 mm.

Aus Algerien, Israel und angeblich auch aus Beludschistan (Iranshar). *A. pantherina* REUT. soll nur in Transkaspien und Turkestan vorkommen.

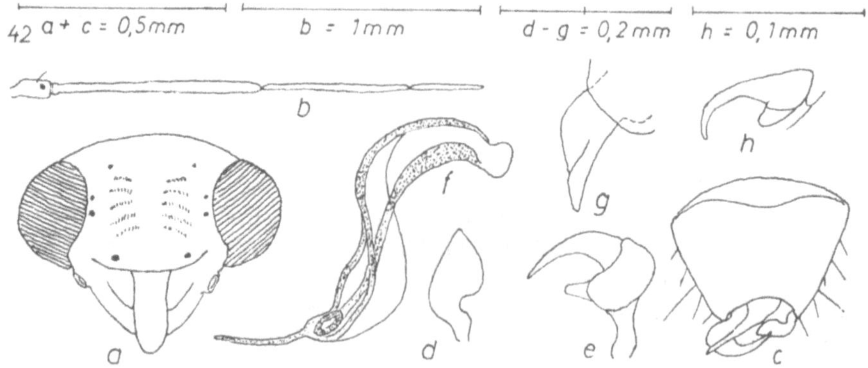

Abb. 42. *Atomophora basipunctata* E. Wagn., ♂

a: Kopf von vorn – b: Fühler – c: Genitalsegment von oben – d: rechtes Paramer von oben – e: linkes Paramer von oben – f: Vesika von links – g: Apikalteil der Theka von rechts – h: Klaue des Hinterfußes von außen

5. **Atomophora basipunctata** E. WAGNER, 1974

Nachr.bl. Bayr. Ent., Bd. 23 (1), S. 10–11.

M ä n n c h e n : 2,8–3,6x so lang wie die Pronotumbreite. Weißlichgelb mit zerstreuten schwarzen Punkten. Behaarung fein und hell. Scheitel (Abb. 42a) 2,2–2,3x so breit wie das Auge, Stirn und Tylus durch eine tiefe Querfurche getrennt. Fühler (Abb. 42b) einfarbig hell, nur das 1. Glied vor der Spitze mit schwarzem Punkt; 2. Glied 1,16x so lang wie die Pronotumbreite. Pronotum sehr kurz, aber breit, mit wenigen Punkten. Scutellum im basalen Teil dicht mit kräftigen Punkten bedeckt, im hinteren Teil nur mit 2 Punkten nahe der Mitte. Halbdecken spärlich punktiert, nur das Exocorium mit größeren, dichter stehenden Punkten. Im Innenwinkel hat das Corium einen größeren schwarzen Fleck. Cuneus mit einigen feinen roten Punkten. Membran hinter der Cuneusspitze mit großem schwarzem Fleck. Das Rostrum reicht weit über die Hinterhüften hinaus. Beine hell, Schenkel vor der Spitze mit schwarzen Punkten, die an den Hinterschenkeln einen Ring bilden. Schienen mit deutlichen schwarzen Punkten. Klauen (Abb. 42h) im Apikalteil stärker gekrümmt. Haftläppchen breit, auf dem Basalhöcker sitzend.

Genitalsegment des ♂ (Abb. 42c) kurz und breit. Rechtes Paramer (Abb. 42d) breit, fast dreieckig. Linkes Paramer (Abb. 42e) mit stark gekrümmter, krallenartiger Hypophysis, auf dem Sinneshöcker ein zungenförmiger Fortsatz. Vesika (Abb. 42f) S-förmig, Apikalteil verbreitert, distal eine lange schlanke Chitinspitze.

Länge: ♂ = 2,8–3,0 mm, ♀ unbekannt.

Aus Algerien (Chot Merouane, 160 km S von Biskra) bekannt. Imagines im Mai.

Nachträge zu Teil III

Zu S. **III, 48**

Bestimmungstabelle wie folgt ändern:

2 (1) Die Zeile: „2. **Ch. signaticornis S.** 49" streichen.

3 (4) Scheitel beim ♂ 2,1–2,2x, beim ♀ 2,3x so breit wie das Auge. Der peitschenartige Anhang der Vesika (Abb. III, 661h) ist mindestens so lang wie der Rest der Vesika. 2. **Ch. signaticornis** S. III, 49

4 (3) Scheitel bei ♂ + ♀ 2,5–2,6x so breit wie das Auge. Peitschenartiger Anhang höchstens 0,2x so lang wie der Rest der Vesika (Abb. 43g). 3. **Ch. tauricus** S. 67

3. **Chamaepsallus tauricus** E. WAGNER, 1976

Reichenbachia, Bd. 16 (8), S. 122–123.

Von gleicher Gestalt und Zeichnung wie *Ch. signaticornis* REUT., im Durchschnitt etwas größer. Von gleicher Behaarung. Kopf geneigt, von vorn gesehen (Abb. 43a+b) beim ♂ 1,4x, beim ♀ 1,3x so breit wie hoch. Die Zeichnung der Stirn ist gering, am Tylus dagegen ist die Spitze stets schwarz. Scheitel hinten abgerundet, bei ♂ und ♀ 2,5–2,6x so breit wie das Auge. Fühler (Abb. 43d+e) gelbweiß; 1. Glied schwarz oder mit 2 schwarzen Ringen; 2. Glied nahe der Basis mit schwarzem Ring, so lang oder etwas länger als die Kopfbreite. Oberseite hell, ohne Zeichnung oder Punkte. Membran grau, Adern hell, braun gesäumt, hinter den Zellen ein heller Fleck, auf den ein großer, viereckiger grauer Fleck folgt. Das Rostrum reicht bis zu den Hinterhüften. Beine hell. Schenkel mit zahlreichen schwarzen Flecken, die im Apikalteil der Hinter-

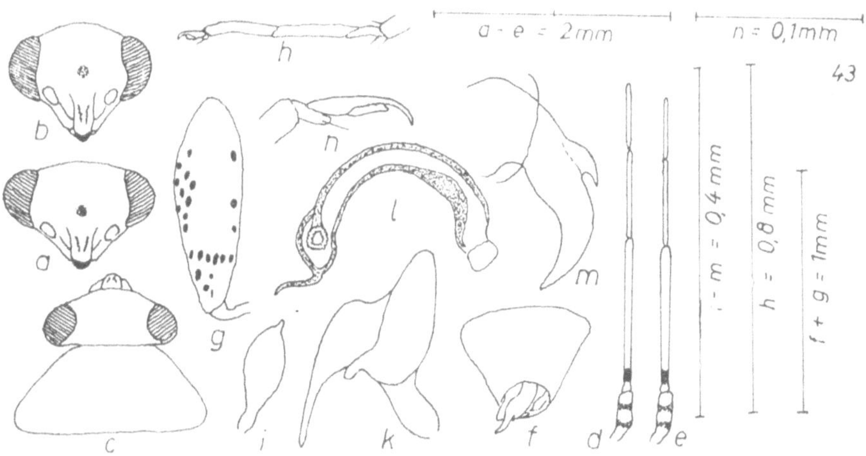

Abb. 43. *Chamaepsallus tauricus* E. Wagn.

a: Kopf des ♂ von vorn – b: dasselbe vom ♀ – c: Kopf und Pronotum des ♂ von oben – d: Fühler des ♂ – e: Fühler des ♀ – f: Genitalsegment des ♂ von oben – g: Hinterschenkel von unten – h: Hinterfuß – i: rechtes Paramer von oben – k: linkes Paramer von oben – l: Vesika von links – m: Apikalteil der Theka von rechts – n: Klaue des Hinterfußes von außen schenkel (Abb. 43g) eine Querbinde bilden. Schienen mit langen schwarzen Dornen, die in schwarzen Punkten stehen. An den Hintertarsen (Abb. 43h) ist das 3. Glied kürzer als das 2. Die Klauen (Abb. 43n) sind sehr klein und schlank, das Haftläppchen ist schmal und anliegend, viel länger als seine Entfernung von der Klauenspitze.

Genitalsegment des ♂ (Abb. 43f) breiter als lang. Rechtes Paramer (Abb. 43i) sehr klein, spindelförmig. Linkes Paramer (Abb. 43k) groß, Hypophysis sehr lang, im apikalen Teil gerade und spitz, auf dem Sinneshöcker ein kurzer, nach unten gerichteter Fortsatz. Vesika (Abb. 43l) klein und U-förmig, neben der Gonopore verbreitert. Der peitschenförmige Anhang höchstens 0,2x so lang wie der Rest der Vesika. Apikalteil der Theka (Abb. 43m) schwarz, groß, an der Außenseite mit einem gekrümmten, spitzen Höcker, der glatte Ränder hat.

Länge: ♂ = 2,5–3,2 mm, ♀ = 2,9–3,2 mm.

Imagines im Mai.

Aus der Osttürkei (Namrum Kil im Taurus, in 1250 m Höhe) bekannt.

Zu S. **III, 50**

Bestimmungstabelle wie folgt ändern:

1 (2) Auge nur etwa bis zur Mitte des Kopfes nach unten reichend (Abb. III, 662b; 44c). 1. Fühlerglied hell, nahe der Spitze 2 dunkle Punkte oder Ringe.

1a (1b) Der Tylus entspringt nur wenig über einer die Fühlerwurzeln verbindenden Linie (Abb. II, 662a). Vesika (Abb. III, 662g) neben der Gonopore etwas verbreitert, distal einspitzig. Klauen (Abb. III, 662e) robust, stark gekrümmt. 1. **T. halophila** S. III, 59

1b (1a) Der Tylus entspringt weit über einer die Fühlerwurzeln verbindenden Linie (Abb. 44a–c). Vesika (Abb. 44l) überall gleich schlank, distal mit 2 aneinanderliegenden Spitzen. Klauen (Abb. 44o) schlanker, weniger stark gekrümmt. 1a. **T. daphnidis** S. 68

2 (1) Wie bisher.

1a. **Tarajala daphnidis** E. Wagner, 1976

Reichenbachia, Bd. 16 (4), S. 71–72.

♂ schlank und 3,2–3,4x, ♀ kürzer und 2,33x so lang wie die Pronotumbreite. Hell graugrün, mit feinen, dichtstehenden schwarzen und kürzeren, spärlicheren hellen Haaren. Beine und 1. Fühlerglied schwarz gezeichnet. Kopf stark geneigt, von vorn gesehen (Abb. 44a+b) breiter als hoch; seitlich gesehen (Abb. 44c) höher als lang. Das Auge reicht nach unten etwa bis zur Mitte der Kopfseite. Scheitel beim ♂ 2,3x, beim ♀ 2,7x so breit wie das Auge, ohne Rand oder Kante. Tylus weit über einer die Fühlerwurzeln verbindenden Linie entspringend. Fühlerwurzel unter der unteren Augenecke gelegen. 1. Fühlerglied kräftig (Abb. 44d+e), 0,62x so lang wie die Scheitelbreite, mit 2 oft undeutlichen Ringen; 2. Glied gegen die Spitze leicht verdickt, beim ♂ 1,1x, beim ♀ 1,0x so lang wie die Pronotumbreite; 3. Glied schlanker und 0,62x so lang wie das 2. Glied. Membran schwarzgrau, beim ♂ das Abdomen weit überragend, beim ♀ verkürzt und die Cuneusspitze kaum überragend. Das Rostrum überragt die Hinterhüften. Beine gelb. Schenkel im Apikalteil dicht mit dunklen Punkten bedeckt. Schienen mit deutlichen schwarzen Punkten, in denen dunkle Dornen stehen, die fast anliegen und kürzer sind als die Schiene dick ist. An den Hintertarsen ist das 3. Glied

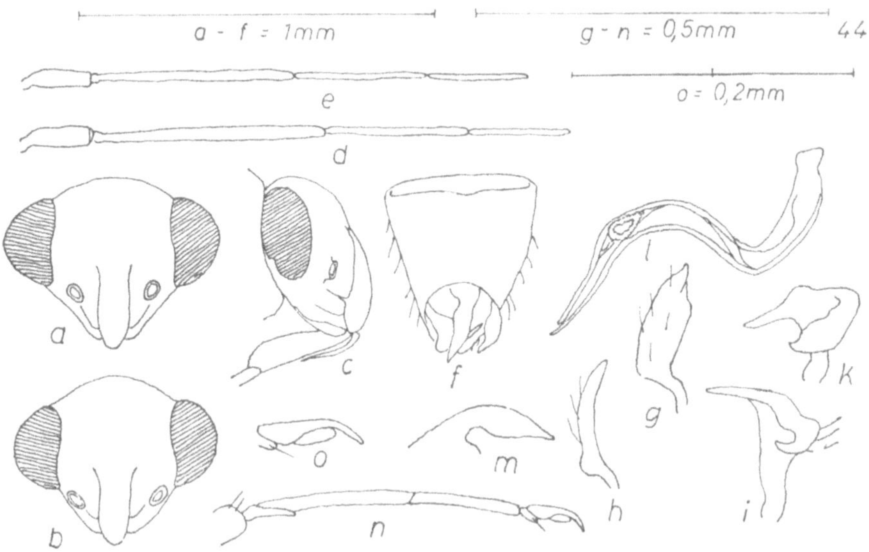

Abb. 44. *Tarajala daphnidis* E. Wagn.

a Kopf des ♂ von vorn – b dasselbe vom ♀ – c Kopf des ♂ von rechts – d: Fühler des ♂ – e: Fühler des ♀ – f Genitalsegment des ♂ von oben – g: rechtes Paramer von oben – h. dasselbe von innen – i· linkes Paramer von oben – k· dasselbe, schräg von hinten – l Vesika von rechts – m: Apikalteil der Theka von links – n: Hinterfuß – o: Klaue desselben von außen

erheblich kürzer als das 2. Glied (Abb. 44n). Klauen schlank (Abb. 44o), Haftläppchen länger als seine Entfernung von der Klauenspitze.

Genitalsegment des ♂ (Abb. 44f) kaum 0,5 mm lang. Rechtes Paramer (Abb. 44g+h) gekrümmt, 0,2 mm lang, blattartig. Linkes Paramer (Abb. i+k) mit langer, gerader Hypophysis, auf dem Sinneshöcker eine gekrümmte Spitze. Vesika (Abb. 44l) schlank, S-förmig, distal 2 schlanke Chitinspitzen. Apikalteil der Theka (Abb. 44m) sehr klein, distal spitz, in der Mitte bauchig.

Länge: ♂ = 2,70–2,75 mm, ♀ = 1,9–2,0 mm.

Die Art lebt an Daphne gnidium L. Imagines im Mai.

Aus Südmarokko (Larache, Lerga-Südufer) bekannt.

Zu S. **III, 90**

Die Untergattungen **Asthenarius** KERZH., **Nigrocapillocoris** STICH. und **Salicarius** KERZH müssen als Gattungen aufgefaßt werden.

Zu S. **III, 93**

Statt „2. Untergattung **Asthenarius** KERZHNER, 1962" einfügen:

153a. Gattung **ASTHENARIUS** KERZHNER, 1962

Typus-Art: *A. ocularis* (MLS.)

Rev. d'Ent. de l' U.R.S.S., Bd. 41, S. 380–382; E. WAGNER 1975, Reichenbachia, Bd. 15 (28), S. 233–244.

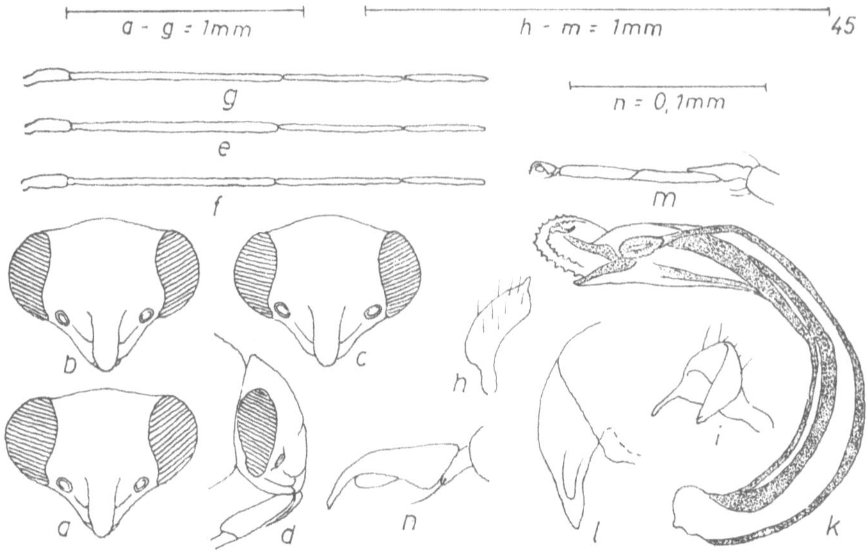

Abb. 45. *Asthenarius syriacus* Reut.
a: Kopf des ♂ von vorn – b: dasselbe vom ♀ – c: dasselbe vom Typus – d Kopf des ♀ von rechts – e Fühler des ♂ – f: Fühler des ♀ – g Fühler des Typus – h: rechtes Paramer von oben – i: linkes Paramer von oben – k Vesika von links – l: Apikalteil der Theka von links – m: Hinterfuß des ♀ – n: Klaue desselben von außen

Bestimmungsschlüssel
für die Arten von *Asthenarius* KERZH.

1 (16) Schienen und Fühler zum mindesten teilweise hell.

2 (9) 3. und 4. Fühlerglied schwarz oder dunkelbraun, das 1. und 2. Glied hell, das 2. im Apikalteil oft verdunkelt (Abb. 47f–i).

3 (6) Apikalteil der Vesika (Abb. 46a+b) sehr lang. Punkte der Schienen sehr klein (Abb. 47a+b). Kopf oft ganz oder teilweise hell, selten schwarz.

4 (5) Apikalteil der Vesika (Abb. 46a) schlank, geknickt. Kopf ganz oder größtenteils gelb, in der Regel auch der vordere Teil des Pronotum.
1. **A. dichrous** KERZH. (*wagneri* CARV., S. III, 94)

5 (4) Apikalteil der Vesika breiter, ohne Knick (Abb. 46b). Pronotum schwarz. Kopf in der Mitte schwarz, selten ganz schwarz. 2. **A. flavipes** S.,III, 95

6 (3) Vesika kleiner (Abb. 46d+e), Apikalteil weit kürzer. Punkte der Schienen größer (Abb. 47c+e). Kopf in der Regel schwarz.

7 (8) Hornartiger Anhang der Vesika von normaler Größe (Abb. 46d). Punkte der Schienen sehr groß (Abb. 47e). 3. **A. nigripilis** S. III, 95

8 (9) Hornartiger Anhang der Vesika sehr klein, rückwärts gerichtet (Abb. 46e). Punkte der Schienen kleiner (Abb. 47c). 4. **A. syriacus** S. 72

9 (2) 3. und 4. Fühlerglied nie dunkler als das 1. und 2. Glied (Abb. 47k+l).

10 (11) Gestalt breit-oval, Halbdecken in Höhe der Cuneusspitze nach unten umgebogen. Vesika siehe Abb. 46c! Fühler bisweilen gebräunt. 5. **A. ocularis** S. III, 95

11 (10) Gestalt länglich-oval (Abb. 49a+b).

12 (13) Länge des ♀ nur 2,75 mm. Halbdecken einfarbig schwarz. ♂ unbekannt. 2. Fühlerglied kürzer als die Kopfbreite. 6. **A. quercicola** S. III, 100

13 (12) Länge über 3,5 mm. Halbdecken oft teilweise aufgehellt. 2. Fühlerglied länger als die Kopfbreite.

14 (15) Halbaufgerichtete Haare gelb. ♂ und ♀ unterschiedlich gefärbt. Pronotum mit schwarzem Querfleck auf den Schwielen (Abb. 48e). 7. **A. collaris** S. 73

15 (14) Halbaufgerichtete Haare schwarz. ♂ und ♀ gleich gefärbt. Pronotum des ♀ ganz schwarz. 8. **A. quercus** S. III, 183; Abb. 50

16 (1) Fühler und Beine einfarbig schwarz.

17 (18) Die Vesika hat an der Spitze einen hornartigen Anhang und eine Fläche, deren Rand gezähnt ist. Länge 4,3–4,5 mm. 9. **A. karakardes** S. III, 172

18 (17) Die Spitze der Vesika wird von 2 dicken, gekrümmten Chitinstäben überragt. Länge 3,2–3,3 mm. 10. **A. niger** S. III, 97

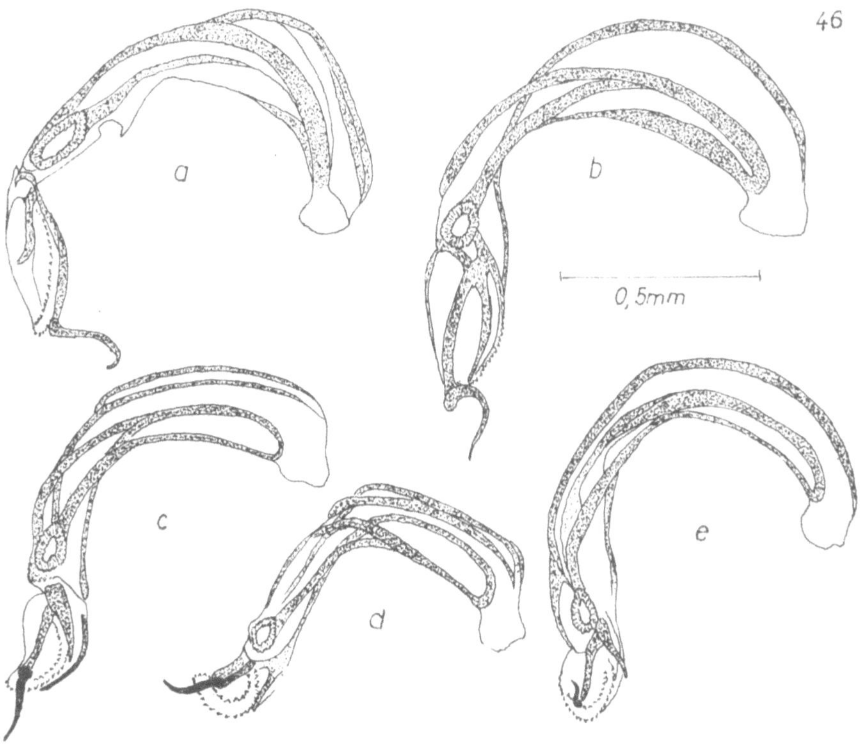

Abb. 46. *Asthenarius* Kerzh., Vesika von links
a: *A. dichrous* Kerzh. – b: *A. flavipes* Reut. – c: *A. ocularis* Mls. – d: *A. nigripilis* Reut. – e: *A. syriacus* Reut.

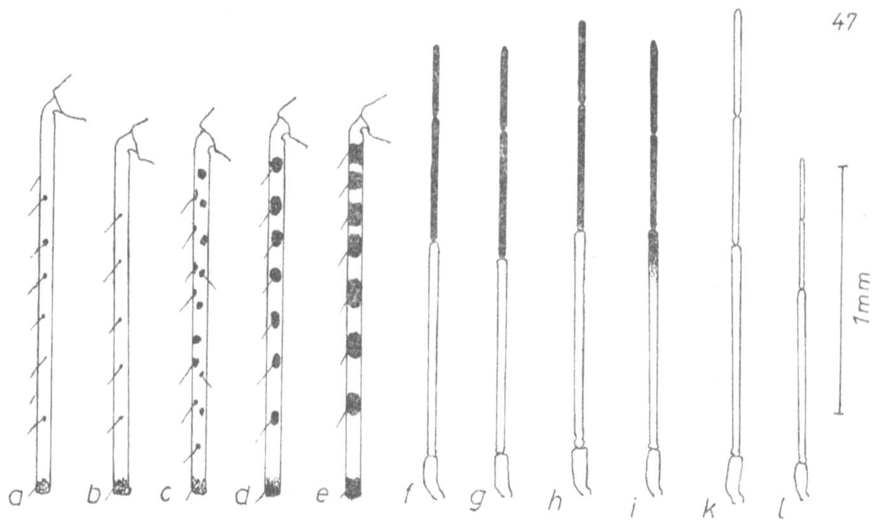

Abb. 47. *Asthenarius* Kerzh., ♀
a+f: *A. dichrous* Kerzh. – b+g: *A. flavipes* Reut. – c+h: *A. syriacus* Reut. – d+k: *A. ocularis* Mls. – e+i: *A. nigripilis* Reut. – l: *A. quercicola* Reut. – a–e: Hinterschiene – f–l: Fühler

4. **Asthenarius syriacus** (REUTER), 1883

E. WAGNER 1975, Entom. Abh. Mus. Tierk. Dresden, Bd. 40 Suppl., S. 106; id. 1975, Reichenbachia, Bd. 15 (28), S. 233–235.

Breit-oval (Abb. 47c). Schwarz, mit sehr feiner grauer Behaarung und einigen schwarzen Haaren. Kopf schwarz, bisweilen rotbraun. Scheitel beim ♂ 1,7x, beim ♀ 2,1–2,2x so breit wie das Auge. Fühler (Abb. 45e–g) rotbraun; 2. Glied 1,12x so lang wie die Kopfbreite, die beiden Endglieder dunkelbraun bis schwarz. Schienen weißgelb bis rotgelb, Dornen schwarz. Punkte der Schienen klein, an den Vorderschienen oft, an den übrigen Schienen seltener fehlend. Vesika (Abb. 45k) sehr robust, U-förmig, hornartiger Fortsatz sehr klein, rückwärts gerichtet. Sekundäre Gonopore von der Spitze etwas entfernt.

Länge: ♂ = 2,8–3,0 mm, ♀ = 2,7–2,9 mm.

Imagines im Mai. Bisher nur in Syrien gefunden.

5. **Asthenarius quercicola** (REUTER), 1904

Salicarius quercicola (REUT.), E. WAGNER 1975, Entom. Abh. Mus. Tierk. Dresden, Bd. 40 Suppl., S. 100; id. 1975, *Asthenarius* id., Reichenbachia, Bd. 15 (28), S. 238.

Die erstgenannte Arbeit erschien zwar erst 1976, wurde aber viel früher verfaßt und gesetzt als die zweite. Daher gibt letztere die neuere Auffassung wieder. Die Art muß zu *Asthenarius* KERZH. gestellt werden.

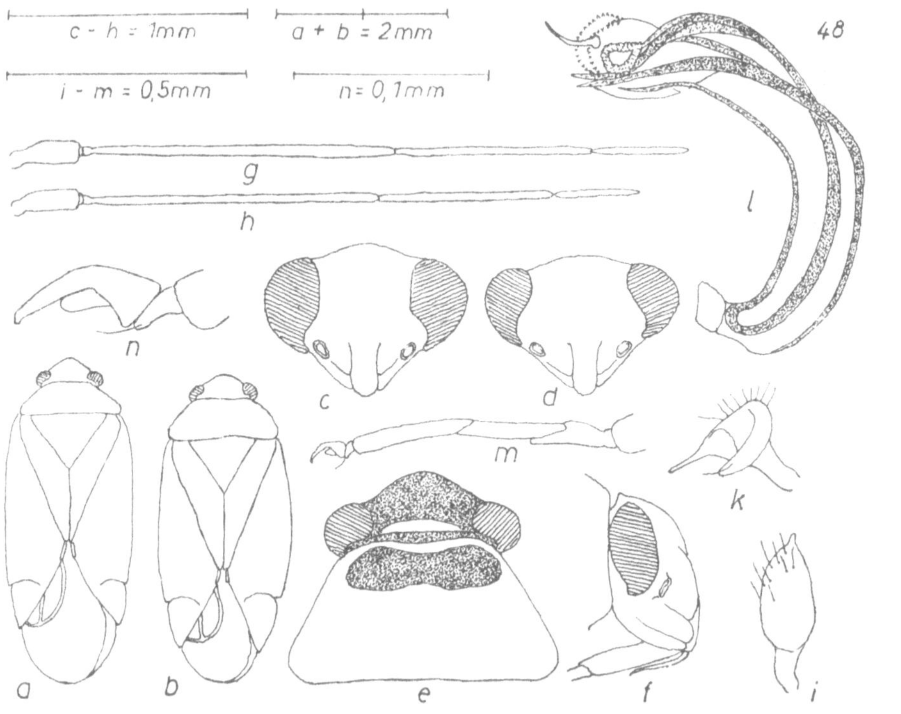

Abb. 48. *Asthenarius collaris* E. Wagn.

a: Gestalt des ♂ – b: Gestalt des ♀ – c: Kopf des ♂ von vorn – d: dasselbe vom ♀ – e: Kopf und Pronotum des ♀ von oben – f: Kopf des ♀ von rechts – g: Fühler des ♂ – h: Fühler des ♀ – i: rechtes Paramer von oben – k: linkes Paramer von oben – l: Vesika von links – m: Hinterfuß des ♂ – n: Klaue desselben von außen

7. **Asthenarius collaris** E. WAGNER, 1975

Reichenbachia, Bd. 15 (28), S. 238–240.

Groß, länglich-oval (Abb. 48a+b). Behaarung hell. ♂ in der Regel fast schwarz, Halbdecken oft schwarzgrau, Cuneus an der Basis schmal hell. ♀ schwarzbraun bis braun. Hinterrand des Scheitels gelbbraun (Abb. 48e). Pronotum mit schwarzem Querfleck über die Schwielen. Basis des Scutellum und Apikalhälfte des Cuneus stets schwarz. Schenkel rotbraun, Schienen hell mit schwarzen Punkten. 3. Tarsenglied dunkel. Fühler hellgelb bis braun. Scheitel beim ♂ 1,4x, beim ♀ 2,0x so breit wie das Auge, sein Hinterrand kantig (Abb. 48c+d). Fühler (Abb. 48g+h) schlank, 2. Glied beim ♂ 1,4x, beim ♀ 1,5x so lang wie die Kopfbreite und 0,90–0,95x so lang wie die Pronotumbreite. Pronotum 1,6x (♀) bis 1,7x (♂) so breit wie der Kopf. Das Rostrum erreicht die Spitze der Hinterhüften oder überragt sie ein wenig. Tarsen schlank, winklig gebogen (Abb. 48n). 3. Glied der Hintertarsen länger als das 2. (Abb. 48m). Vesika (Abb. 48l) robust, U-förmig, Apikalteil mit hornartiger Spitze, die von einer Fläche umgeben ist, deren Rand gezähnt ist; sekundäre Gonopore der Spitze der Vesika sehr nahe. Parameren siehe Abb. 48k+i!

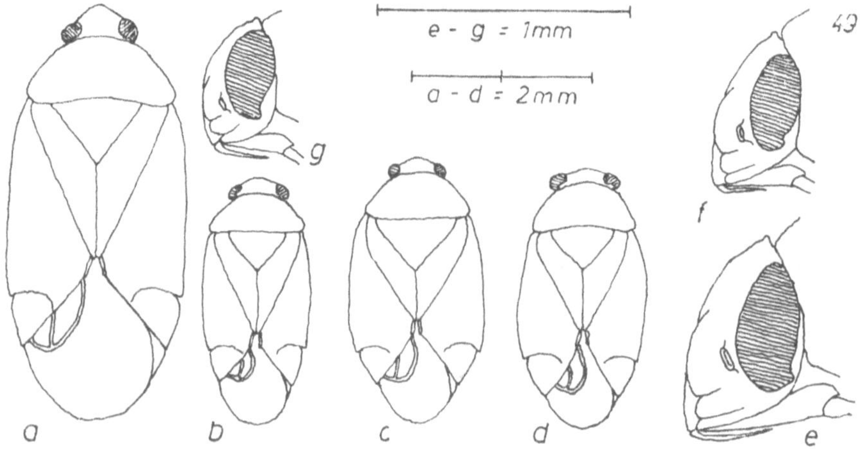

Abb. 49. *Asthenarius* Kerzh., ♀
a+e: *A. karakardes* Seid. - b+g: *A. quercicola* Reut. - c *A. syriacus* Reut. - d+f: *A. nigripilis* Reut. - a–d Gestalt - e–g Kopf von links

Länge: ♂ = 4,4–4,6 mm, ♀ = 3,6–3,8 mm.
Die Art wurde an Quercus ehrenbergi KOTSCHY gefunden. Imagines im Mai.
Bisher nur in der Türkei (Bursa, Tekirdag) gefangen.

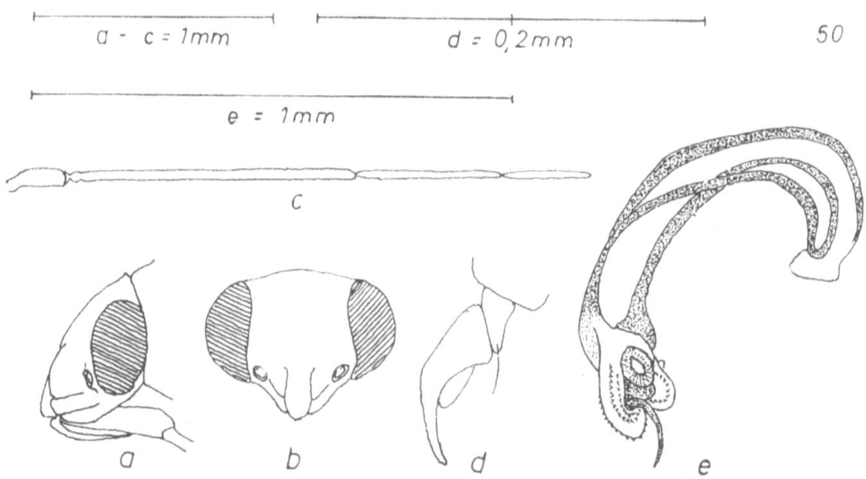

Abb. 50. *Asthenarius quercus* Kb.
a: Kopf des ♀ von links – b: derselbe von vorn – c Fühler des ♀ – d: Klaue des Hinterfußes von außen – e: Vesika des ♂ von links

Die folgenden Arten standen bisher in der Gattung *Psallus* FIEB.:

8. **Asthenarius quercus** (KB.), 1856
als *Psallus (Hylopsallus) quercus* (KB.), 1856 auf S. III, 183.
9. **Asthenarius karakardes** (SEID.), 1960
als *Psallus (Apocremnus) karakardes* SEID., 1960 auf S. III, 172.

Zu S. **III, 137**

Bestimmungstabelle wie folgt ändern:

8 (7) 3. Glied der Hintertarsen 1,0–1,3x so lang wie das 2. Glied.

8a (8b) 3. Glied der Hintertarsen 1,3x so lang wie das 2. Glied. Scheitel beim ♂ 1,84x, beim ♀ 2,3–2,5x so breit wie das Auge (Abb. III, 720a+b).
5. **C. (A.) eckerleini** S. III, 139

8b (8a) 3. Glied der Hintertarsen 1,0x so lang wie das 2. Glied. Scheitel beim ♂ 1,5x, beim ♀ 1,8x so breit wie das Auge (Abb. 51a+b).
5a. **C. (A.) bipunctatum** S. 76

C. (A.) sauledai RIBES gehört in die Gattung *Solenoxyphus* REUT. (S. 88).

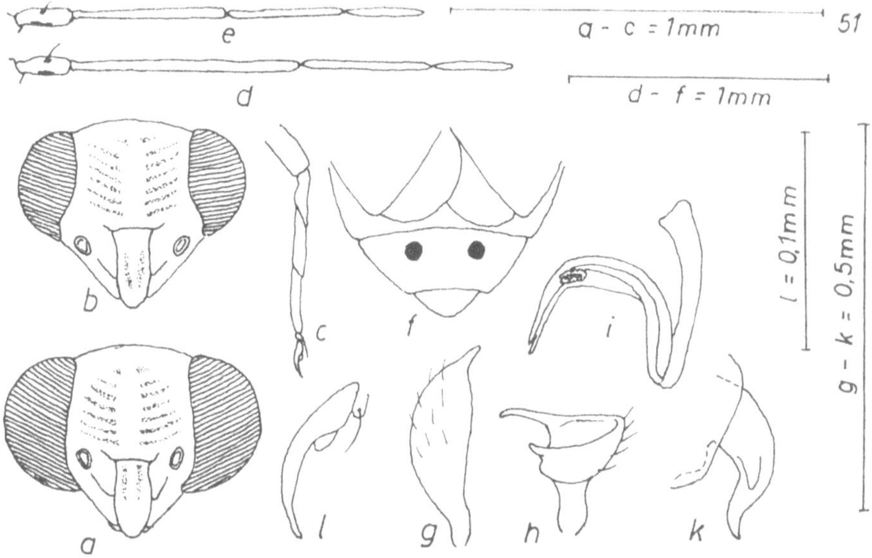

Abb. 51. *Compsidolon (Apsinthophylus) bipunctatum* E. Wagn.

a: Kopf des ♂ von vorn – b: dasselbe vom ♀ – c: Hinterfuß des ♀ – d: Fühler des ♂ – e: Fühler des ♀ – f: Abdomenende des ♀ von oben – g: rechtes Paramer von oben – h: linkes Paramer von oben – i: Vesika von rechts – k: Apikalteil der Theka von links – l: Klaue des Hinterfußes von außen

5a. **Compsidolon (Apsinthophylus) bipunctatum** E. WAGNER, 1975

Reichenbachia, Bd. 15 (31), S. 272–274.

Weißlich ockergelb, mit feinen braunen Punkten, ♀ mit nur wenigen Punkten. Behaarung fein, lang und weißlich. ♂ makropter, ♀ (Abb. 51f) brachypter, selten makropter. Kopf (Abb. 51a+b) unter den Augen stumpf. Scheitel beim ♂ 1,5x, beim ♀ 1,8x so breit wie das Auge. Fühler hell (Abb. 51d+e), 1. Glied innen vor der Spitze mit einem Punkt, der eine Borste trägt, außen mit schwarzem Längsstreif; 2. Glied beim ♂ 0,95x, beim ♀ 0,7x so lang wie die Pronotumbreite. Scutellum in der Regel frei von Punkten. Auf den Halbdecken von Punkten freie Flächen. Cuneus punktiert. Auf dem 9. Tergit 2 runde schwarze Flecke (Abb. 51f). Das Rostrum erreicht die Spitze der Hinterhüften. Beine hell, Spitze der Hinterschenkel mit dunklen Punkten. Schienen mit hellen Dornen, die in kleinen schwarzen Punkten stehen. 3. Tarsenglied dunkel. An den Hintertarsen ist das 3. Glied etwa so lang wie das 2. Glied (Abb. 51c). Klauen schlank, Haftläppchen sehr klein (Abb. 51l). Rechtes Paramer (Abb. 51g) groß, Innenkante fast gerade, Außenkante gekrümmt. Linkes Paramer (Abb. 51h) mit langer dünner Hypophysis, Sinneshöcker mit schlankem Fortsatz. Vesika (Abb. 51i) schlank, Apikalteil stärker gekrümmt, distal 2 ungleiche Chitinstäbe, Gonopore weit vor der Spitze. Apikalteil der Theka (Abb. 51k) S-förmig.

Länge: ♂ makropt. = 3,2 mm, ♀ makropt. = 2,7 mm, ♀ brachypt. = 2,3–2,5 mm.

Die Art lebt an Artemisia herbaalbae ASSO. Imagines im Mai.

In Syrien (Deir ez Zor) von ECKERLEIN gefunden.

Zu S. **III, 142**

Bei 9. **Compsidolon (Apsinthophylus) balachowskii** (E. WAGNER), 1958 hinter den Zitaten einfügen:

Syn.: *C. (A.) ribesi* LINNAVOURI, 1972, P. Inst. Biol. Apl., Bd. 52, S. 125–127; E. WAGNER 1976, Reichenbachia, Bd. 16 (12), S. 147–149.

Zu S. **III, 144**

Bestimmungstabelle wie folgt ändern:

1a (1b) Pronotum schwarz, Mitte des vorderen Teiles mit großem, hellem Fleck von wechselnder Ausdehnung (Abb. 52a+b). Basis des Scutellum schwarz. 11a. **C. (Ch.) collare** S. 76

1b (1a) Pronotum und Scutellum anders.

2 (3) Wie bisher.

11a. **Compsidolon (Chamaeliops) collare** E. WAGNER, 1976

Notul. Ent., Bd. 56, S. 12–13.

♂ länglich und 3,5x, ♀ breiter und 3,0x so lang wie die Pronotumbreite. Anliegende Haare hell, halbaufgerichtete Haare ebenfalls hell, aber untermischt mit schwarzen Haaren. Weißgelb, Pronotum und Scutellum meistens teilweise schwarz (Abb. 52a+b). Oberseite mit verstreuten schwarzen Punkten. Stirn mit in der Mitte unterbrochenen Querstreifen (Abb. 52c+d). Kopf von vorn gesehen 1,12x so breit wie hoch, unter den Augen spitz. Scheitel beim ♂ 1,7x, beim ♀ 2,1x so breit wie das Auge. Fühler (Abb. 52e+f) schlank, hell, nur das 1. Glied mit 2 dunklen Ringen, von denen der apikale oft nur aus 2 Punkten besteht, die schwarze Borsten tragen; 2. Glied beim ♂ 1,4x, beim ♀ 1,05x so lang wie die Pronotumbreite. Membran grau, am Außenrand 2 helle Flecke, zwischen denen ein dunkler liegt. Das Rostrum erreicht die Hinterhüften. Beine hellgelblich, Schenkel im Apikalteil dicht dunkel gefleckt. Schienen mit schwarzen Punkten, in denen schwarze Dornen stehen, die etwas länger sind als die Schiene dick ist. 3. Glied der Hintertarsen länger als das 2. Glied (Abb. 52g). Klauen schlank, Haftläppchen kurz und breit. Rechtes Paramer (Abb. 52h) groß, Außenseite stark gebogen, Innenseite fast gerade. Linkes Paramer (Abb. 52i) schüsselförmig, Hypophysis gerade, Sinneshöcker mit einer Borste. Vesika (Abb. 52k) mit stark gekrümmtem Apikalteil, distal 2 kräftige Chitinstäbe. Apikalteil der Theka außen mit einem Höcker. Bei der var. *implagiata* E. WAGN. fehlt die schwarze Färbung auf Pronotum und Scutellum.

Länge: ♂ = 3,4–3,7 mm, ♀ = 3,1–3,4 mm.

Von den Kanarischen Inseln (Teneriffa: Las Canadas, in 2500 m Höhe) bekannt. Imagines im August.

Zu S. **III, 164**

Bestimmungstabelle wie folgt ändern:

5 (2) Wie bisher.

5a (5b) 1. Fühlerglied rotgelb bis rotbraun, 3. und 4. Glied schwarz. 5a. **Ps. (A.) cyprius** S. 78

5b (5a) 1. Fühlerglied schwarz, 3. und 4. Glied bisweilen teilweise hell.

6 (9) Wie bisher.

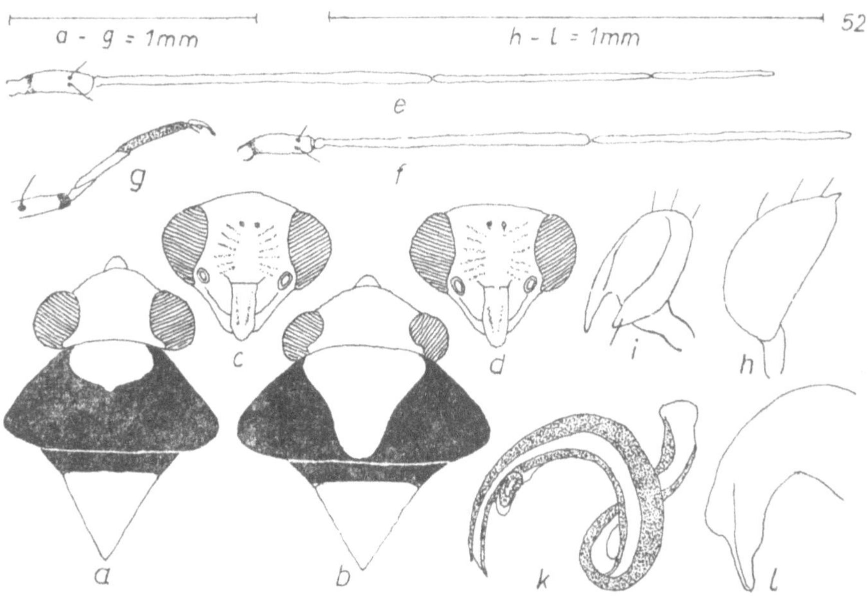

Abb. 52. *Compsidolon (Chamaeliops) collare* E. Wagn.
a: vorderer Teil des ♂ von oben – b: dasselbe vom ♀ – c: Kopf des ♂ von vorn – d: dasselbe vom ♀ – e: Fühler des ♂ – f: Fühler des ♀ – g: Hinterfuß des ♂ – h: rechtes Paramer von oben – i: linkes Paramer von oben – k: Vesika von rechts – l: Apikalteil der Theka von rechts

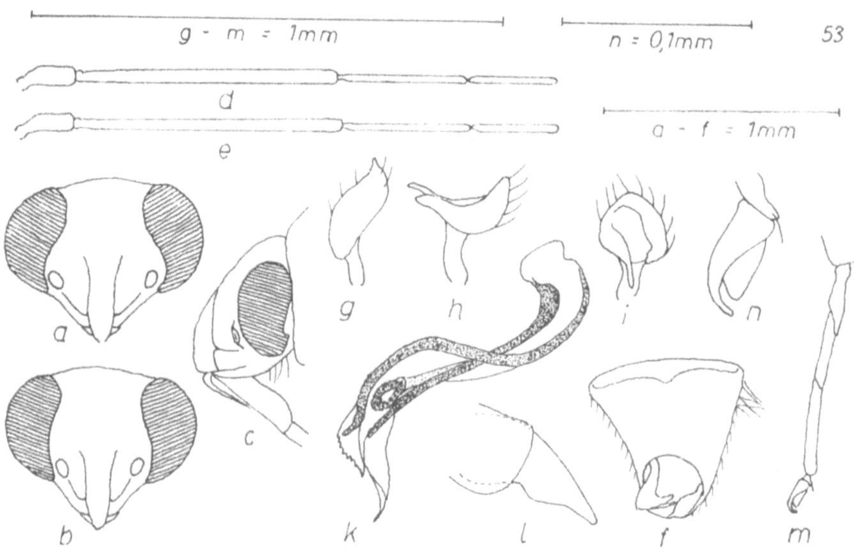

Abb. 53. *Psallus (Apocremnus) cyprius* E. Wagn.
a: Kopf des ♂ von vorn – b: dasselbe vom ♀ – c: Kopf des ♂ von links – d: Fühler des ♂ – e: Fühler des ♀ – f: Genitalsegment des ♂ von oben – g: rechtes Paramer von oben – h: linkes Paramer von oben – i: dasselbe von innen – k: Vesika von links – l: Apikalteil der Theka von rechts – m: Hinterfuß – n: Klaue desselben von außen

5a. **Psallus (Apocremnus) cyprius** E. WAGNER, 1977
Ent. Ber., Bd. 37, S. 95–96.

Schwarz, nur das 1. Fühlerglied und bisweilen Teile des Kopfes rotgelb bis rotbraun. Halbaufgerichtete Haare schwarz, anliegende Haare weißlich. Kopf (Abb. 53c) geneigt, Tylus seitlich zusammengedrückt, bei Betrachtung von der Seite her in ganzer Länge sichtbar. Scheitel beim ♂ 1,5x, beim ♀ 2,0x so breit wie das Auge, hinten stumpfkantig. Fühler (Abb. 53d+e) schwarz, nur das 1. Glied rotgelb bis rotbraun. 2. Glied leicht verdickt, stabförmig, 0,86–0,90x so lang wie die Pronotumbreite, 3. und 4. Glied zusammen 0,8–0,9x so lang wie das 2. Glied, dünn. Pronotum, Scutellum und Halbdecken einfarbig schwarz. Membran schwärzlich, Adern dunkel. Das Rostrum erreicht die Spitze der Hinterhüften. Beine schwarz, Spitzen der Schenkel oft aufgehellt. Dornen der Schienen schwarz, etwa so lang wie die Schiene dick ist. 3. Glied der Hintertarsen deutlich länger als das 2. Glied (Abb. 53m). Das Haftläppchen erreicht fast die Klauenspitze (Abb. 53n).
Genitalsegment des ♂ (Abb. 53f) etwa so lang wie dick, an der rechten Seite in der Nähe der Basis ein Büschel schwarzer Borsten. Rechtes Paramer (Abb. 53g) gekrümmt, Hypophysis rückwärts gerichtet. Linkes Paramer (Abb. 53h+i) mit langer, schlanker Hypophysis, der Sinneshöcker verlängert, beide Fortsätze parallel gerichtet. Vesika (Abb. 53k) S-förmig, robust, Apikalteil verbreitert, mit zwei kräftigen Chitinstäben, die vor der Spitze enden, einer gezähnten Chitinplatte und einer gekrümmten Spitze. Apikalteil der Theka (Abb. 53l) fast gerade.
Länge: ♂ = 3,55–4,0 mm, ♀ = 3,0–3,35 mm.
Die Art lebt an Quercus. Imagines im Juni.
Von der Insel Zypern (Prodhomos, in 1400–1600 m Höhe) bekannt.

Zu S. III, 188

Bestimmungstabelle wie folgt ändern:

3a (3b) Vesika (Abb. 54g) in der Mitte der Außenseite der Krümmung mit einem langen, spitzen Fortsatz, welcher der Vesika anliegt und die Gonopore weit überragt. Haftläppchen ungewöhnlich groß (Abb. 54k), fast bis zur Klauenspitze reichend. 41a. **P. (P.) oenderi** S. 79

3b (3a) Vesika (Abb. III, 762a+g) an der Außenseite der Krümmung ohne langen Fortsatz. Haftläppchen kürzer als seine Entfernung von der Klauenspitze.

4 (5) Wie bisher.

41a. **Psallus (Psallus) oenderi** E. WAGNER, 1976

Reichenbachia, Bd. 16 (8), S. 124–125.

Klein, ♂ und ♀ 2,33–2,50x so lang wie die Pronotumbreite, ♀ etwas größer als das ♂. Weißlichgelb oder -grün, zuweilen mit punktartigen roten oder braunen Flecken. Mit hellen anliegenden und feinen, dunklen halbaufgerichteten Haaren. Kopf (Abb. 54a+b) von vorn gesehen 1,33x so breit wie hoch. Scheitel beim ♂ etwa 2x, beim ♀ 2,0–2,2x so breit wie das Auge. Fühler (Abb. 54c+d) hell, 1. Glied innen mit 2 schwarzen Borsten; 2. Glied beim ♂ 1,1x, beim ♀ 1,05x so lang wie die Kopfbreite. Oberseite ohne Zeichnung, bei einzelnen Exemplaren mit den oben erwähnten punktartigen Flecken. Cuneus einfarbig weiß. Membran hellgrau, Adern weißlich. Das Rostrum überragt die Hinterhüften ein wenig. Beine hell, Schenkel ungefleckt. Schienen weißlich, mit kleinen schwarzen Punkten, in denen schwarze Dornen stehen, die deutlich länger sind als die Schiene dick ist. Tarsen hell, schlank, nur die Spitze des 3. Gliedes etwas verdunkelt. An den Hintertarsen (Abb. 54 i) ist das 3. Glied sehr kurz. Haftläppchen (Abb. 54k) sehr groß, fast bis zur Spitze der Klauen reichend. Rechtes Paramer (Abb. 54e) klein und schmal, Hypophysis undeutlich. Linkes Paramer (Abb. 54f) schüsselförmig, Hypophysis schlank und fast gerade, Sinneshöcker mit fingerförmigem Fortsatz. Vesika

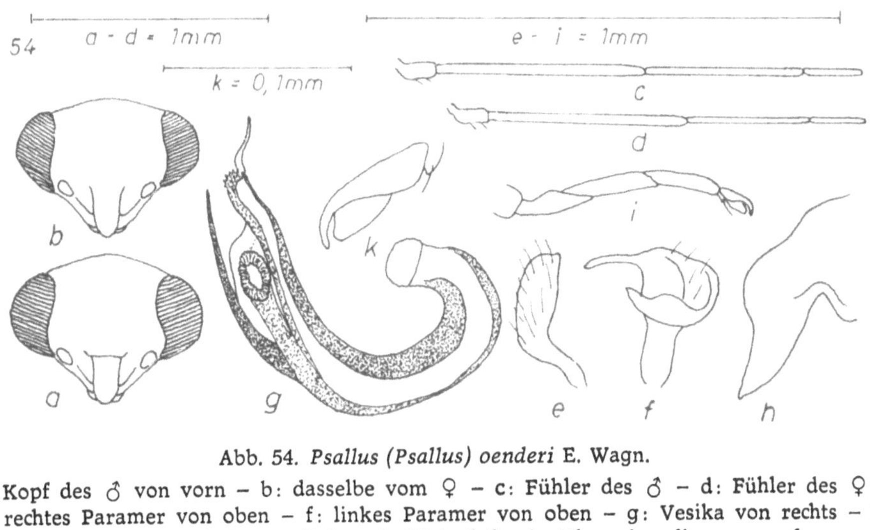

Abb. 54. *Psallus (Psallus) oenderi* E. Wagn.

a: Kopf des ♂ von vorn – b: dasselbe vom ♀ – c: Fühler des ♂ – d: Fühler des ♀ – e: rechtes Paramer von oben – f: linkes Paramer von oben – g: Vesika von rechts – h: Apikalteil der Theka von links – i: Hinterfuß – k: Klaue desselben von außen

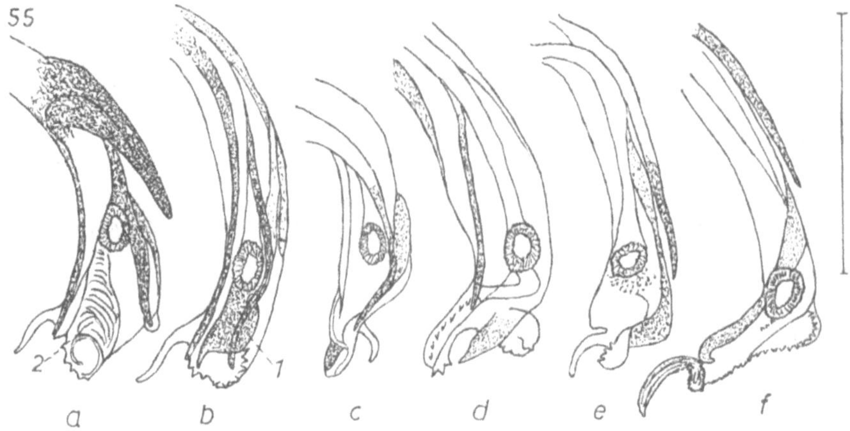

Abb. 55. *Psallus diminutus*-Gruppe, Apikalteil der Vesika von rechts
a: *P. anaemicus* Seid. – b *P asthenicus* Seid. – c *P. amitinus* E. Wagn. – d: *P. balcanicus* Jos. – e *P. faniae* Jos. – f *P. helenae* Jos.

(Abb. 54g) robust, U-förmig, an der Außenseite ein schlanker Fortsatz, der in der Mitte entspringt und bis zur Spitze reicht; nur ein kleiner hornartiger Fortsatz ragt noch über ihn hinaus. Zwischen beiden ein Chitinstab, dessen Spitze umgebogen ist und an der Außenseite einige Zähne trägt. Gonopore von der Spitze entfernt. Apikalteil der Theka (Abb. 54h) kurz, kräftig, fast gerade und spitz, außen bauchig erweitert.

Länge: ♂ = 2,7–3,0 mm, ♀ = 3,0–3,2 mm.

Die Art lebt an Quercus. Imagines im Juni und im September.

Aus der Türkei (Kovada, Tak Bah) bekannt, leg. F. ÖNDER.

Zu S. III, 193

Bestimmungstabelle wie folgt ändern:

67 (68) Alle Haare der Oberseite hell.

67a (67b) Länge beim ♂ 3,7 mm, beim ♀ 3,5 mm. Vesika siehe Abb. III, 762e! 29. **P. (P.) anaemicus** S. III, 200

67b (67a) Länge beim ♂ 3,0–3,5 mm, beim ♀ 2,9–3,4 mm. Vesika siehe Abb. 55e! 29a. **P. (P.) faniae** S. 81

68 (67) Halbaufgerichtete Haare schwarz oder schwarzbraun.

69 (70) Scheitel 1,8–2,2x so breit wie das Auge.

69a (69b) Vesika schlank (Abb. III, 773l). Das Rostrum erreicht die Basis der Hinterhüften. 46. **P. (P.) apenninicus** S. III, 212

69b (69a) Vesika robust (Abb. 56k). Das Rostrum überragt die Hinterhüften. 30a. **P. (P.)amitinus** S. 81

70 (69) Scheitel beim ♂ 1,3–1,6x, beim ♀ 1,7–2,0x so breit wie das Auge.

71 (72) Scheitel beim ♂ 1,6x, beim ♀ 1,9x so breit wie das Auge. Vesika siehe Abb. III, 772e! 47. **P. (P.) diminutus** S. III, 213

72 (71) Scheitel beim ♂ 1,3–1,5x, beim ♀ 1,7–2,0x so breit wie das Auge.

73 (74) Scheitel beim ♂ 1,3x, beim ♀ 1,7x so breit wie das Auge. Vesika kurz und robust. 48. **P. (P.) rubinicterus** S. III, 213

74 (73) Scheitel beim ♂ 1,4–1,5x, beim ♀ 1,9–2,0x so breit wie das Auge. Vesika siehe Abb. 57g! 48a. **P. (P.) milenae** S. 82

29a. **Psallus (Psallus) faniae** JOSIFOV, 1974

Reichenbachia, Bd. 15 (8), S. 61–63.

Etwas kleiner als *P. anaemicus* SEID. Ockergelb, oft mit rötlichen Tönen. Anliegende Haare weiß, halbaufgerichtete Haare gelb. Scheitel beim ♂ 1,4–1,6x, beim ♀ 2,0–2,2x so breit wie das Auge. 2. Fühlerglied 0,90–0,93x so lang wie die Pronotumbreite. Beine gelblichweiß, Hinterschenkel mit unregelmäßig verteilten Flecken. Dornen der Schienen lang und schwarz, in kleinen dunklen Punkten stehend. Das Rostrum überragt die Hinterhüften ein wenig. Genitalsegment des ♂ ohne Kiel. Vesika (Abb. 55e) am Außenrand mit 1–2 schlanken Fortsätzen, die aber die Spitze bei weitem nicht erreichen; distal ein hornartiger Fortsatz und eine Chitinplatte, deren Rand gezähnt ist.

Länge: ♂ = 3,0–3,6 mm, ♀ = 2,9–3,4 mm.

Imagines im Juni.

Bisher nur in Bulgarien (Burgas) von JOSIFOV gefunden.

30a. **Psallus (Psallus) amitinus** E. WAGNER, 1975

Reichenbachia, Bd. 15 (39), S. 303–306.

Klein, oval. Hell ockergelb, Cuneus stets rot mit heller Basis. Behaarung lang und gold-

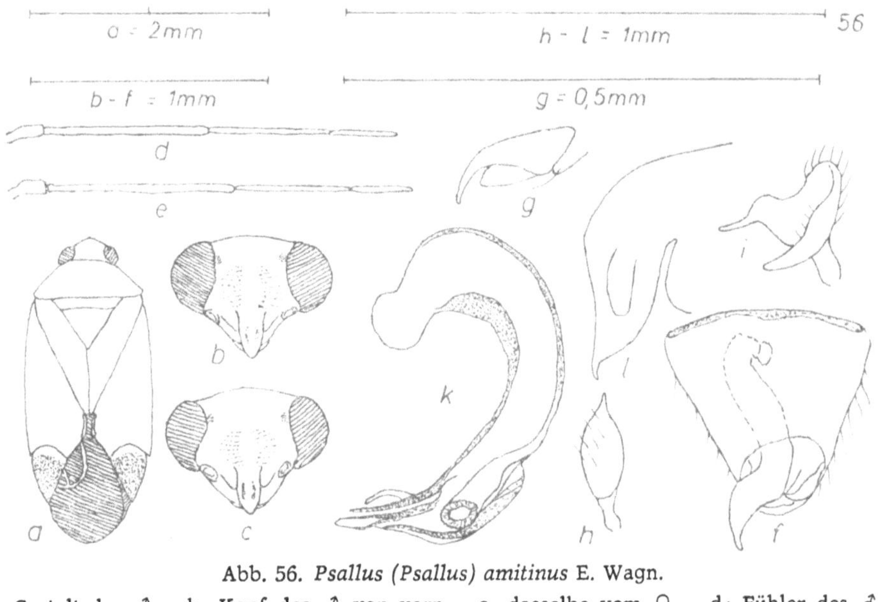

Abb. 56. *Psallus (Psallus) amitinus* E. Wagn.

a: Gestalt des ♂ – b: Kopf des ♂ von vorn – c: dasselbe vom ♀ – d: Fühler des ♂ – e: Fühler des ♀ – f: Genitalsegment des ♂ von oben – g: Klaue des Hinterfußes von außen – h: rechtes Paramer von oben – i: linkes Paramer von oben – k: Vesika von rechts – l: Apikalteil der Theka von links glänzend, untermischt mit langen, halbaufgerichteten schwarzen Haaren. Kopf klein (Abb. 56a–c), mit schwacher bräunlicher Zeichnung. Scheitel ungerandet und ohne Kante, bei ♂ und ♀ 1,8–2,2x so breit wie das Auge. Fühler (Abb. 56d+e) kurz, kräftig, gelbbraun; 1. Glied ungefleckt, innen mit 2 Borsten; 2. Glied beim ♂ 0,9x, beim ♀ 0,8x so lang wie die Pronotumbreite. Pronotum trapezförmig, mehr als 2x so breit wie lang. Scutellum groß, Basis oft rötlich. Corium bisweilen rötlich getönt, besonders im hinteren Teil. Membran gleichmäßig rauchgrau. Rostrum die Hinterhüften mit der Länge des 4. Gliedes überragend. Beine hellgelb, Schenkel im Apikalteil mit wenigen kleinen Flecken. Schienen mit auffallend langen, kräftigen schwarzen Dornen, die in kleinen dunklen Punkten stehen. Tarsen hell, an den Hintertarsen ist das 3. Glied kaum kürzer als das 2. Glied. Das Haftläppchen (Abb. 56g) ist etwa doppelt so lang wie seine Entfernung von der Klauenspitze. Genitalsegment des ♂ (Abb. 56f) kegelförmig. Rechtes Paramer (Abb. 56h) klein, oval. Linkes Paramer (Abb. 56i) mit 2 gleich langen Fortsätzen, Hypophysis dünn und gerade, an ihrer Basis eine Anschwellung; Sinneshöcker in eine lange Spitze ausgezogen; Paramerenkörper nach oben verlängert. Vesika (Abb. 56k) U-förmig, robust; Apikalteil von der Form eines Vogelkopfes, die dadurch entsteht, daß alle Chitinbänder gegen die Spitze konvergieren, mit Ausnahme eines hellen, hornartigen Anhangs. Apikalteil der Theka (Abb. 56l) bauchig, mit feiner Spitze.

Länge: ♂ = 2,6–3,0 mm, ♀ = 2,8–3,0 mm.

Die Art lebt an Quercus. Imagines im Mai.

Bisher aus Griechenland (Thessaloniki) und Bulgarien (Kressna-Paß) bekannt.

48a. **Psallus (Psallus) milenae** JOSIFOV, 1974

Reichenbachia, Bd. 15 (13), S. 89–91.

Länglich-oval, mit gelben Schuppenhaaren und schwarzbraunen normalen Haaren. Gelbbraun, oft rötlich getönt. Scheitel beim ♂ 1,4–1,5x, beim ♀ 1,9–2,0x so breit wie das Auge (Abb. 57a–c). Fühler (Abb. 57d) hell, 1. Glied proximal angedunkelt; 2. Glied 0,9x so lang wie die Pronotumbreite. Kopf, Pronotum und Scutellum oft mit heller Mittellinie. Cuneus an Basis und Spitze weißlich, oft auch der Hinterrand des

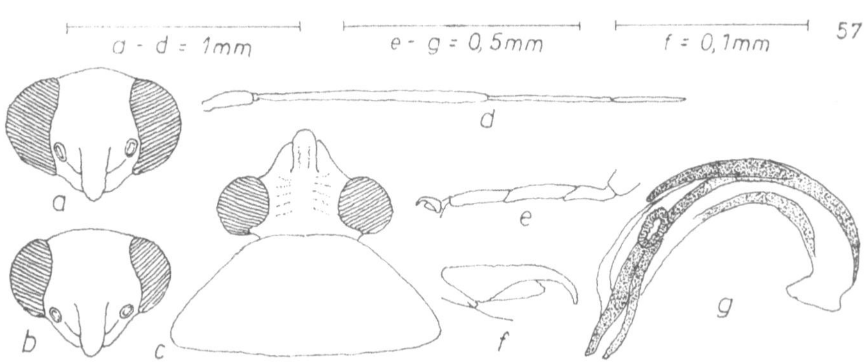

Abb. 57. *Psallus (Psallus) milenae* Jos.

a: Kopf des ♂ von vorn – b: dasselbe vom ♀ – c: Kopf und Pronotum des ♂ von oben – d: Fühler des ♂ – e: Hinterfuß des ♂ – f: Klaue desselben von außen – g: Vesika von links

Corium und nicht selten das Exocorium. Beine gelbweiß, Schenkel mit feinen schwarzbraunen Flecken. Dornen der Schienen schwarz, in schwarzen Punkten stehend, 1,6x so lang wie die Schiene dick ist. 3. Glied der Hintertarsen (Abb. 57 e) etwas kürzer als das 2. Glied, Haftläppchen länger als seine Entfernung von der Klauenspitze (Abb. 57f). Genitalsegment des ♂ ungekielt. Linkes Paramer mit 2 ungleich langen Fortsätzen, die aber beide schlank und spitz sind. Vesika (Abb. 57g) U-förmig, kräftig, an der Außenseite ein kräftiger Fortsatz, der bis zur Gonopore reicht, an der Spitze 2 kräftige Chitinbänder, die gleich lang sind, ein hornartiger Anhang fehlt.

Länge: ♂ = 3,2–3,3 mm, ♀ = 3,1 mm.

Die Art lebt an Quercus pubescens WILLD. Imagines im Mai.

Bisher in Bulgarien (Kressna-Paß) und in der Türkei (Bilecik) gefunden.

Zu S. **III, 264**

Bestimmungstabelle wie folgt ändern:

4 (1) Wie bisher.

4a (4b) 1. Fühlerglied mit schwarzen Ringen, das 2. Glied nahe der Basis mit einem schwarzen Ring (Abb. 58f+g). 5. **E. annulatus** S. 84

4b (4a) Fühler ohne schwarze Ringe.

5 (6) Wie bisher.

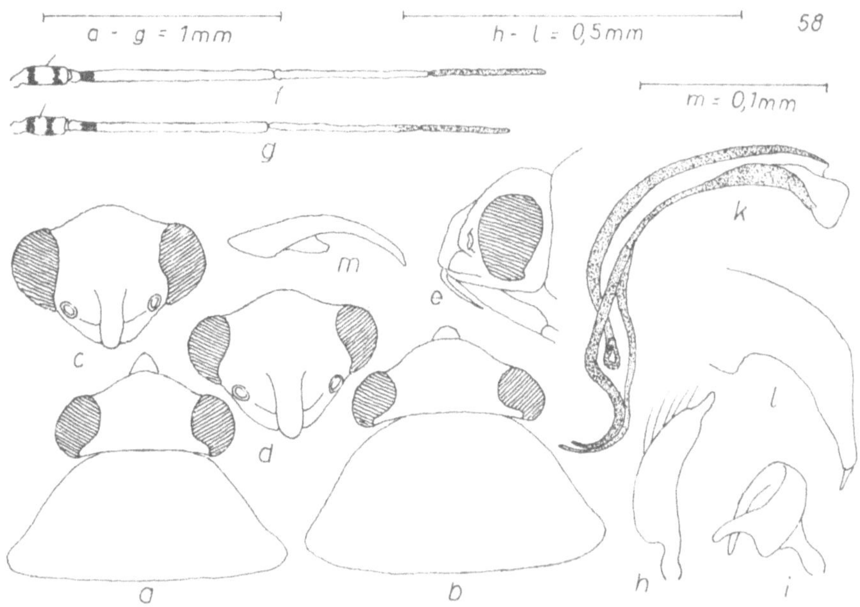

Abb. 58. *Eurycolpus annulatus* E. Wagn.

a. Kopf und Pronotum des ♂ von oben – b: dasselbe vom ♀ – c: Kopf des ♂ von vorn – d: dasselbe vom ♀ – e: Kopf des ♂ von links – f: Fühler des ♂ – g: Fühler des ♀ – h: rechtes Paramer von oben – i: linkes Paramer von oben – k: Vesika von links – l: Apikalteil der Theka von rechts – m: Klaue des Hinterfußes von außen

5. **Eurycolpus annulatus** E. WAGNER, 1976

Reichenbachia, Bd. 16 (8), S. 125–126.

Länglich oval, das ♂ 3,4x, das ♀ 2,85x so lang wie die Pronotumbreite. Leuchtend gelb (♂) bis hellgelb (♀). Behaarung lang und hell. Kopf von oben gesehen (Abb. 58a+b) etwa 2x so breit wie lang, von vorn gesehen (Abb. 58c+d) 1,30–1,33x so breit wie hoch, seitlich gesehen (Abb. 58e) kurz, Kehle waagerecht. Scheitel beim ♂ 2,0x, beim ♀ 2,45x so breit wie das Auge. Fühler gelb (Abb. 58f+g), schwarz gezeichnet, 1. Glied mit 2 schwarzen Ringen, innen eine schwarze Borste, etwas länger als die Augenbreite; 2. Glied nahe der Basis mit schwarzem Ring, deutlich länger als die Kopfbreite; Glied 3 und 4 dünn, das letzte stets schwärzlich. Oberseite einfarbig hell. Membran weißlichgrau, Adern gelblich. Das Rostrum erreicht die Basis der Hinterhüften. Schenkel oft rötlich getönt. Schienen mit kräftigen schwarzen Dornen, die in winzigen schwarzen Punkten stehen. Klauen (Abb. 58m) schlank, Haftläppchen spitz und abstehend. Rechtes Paramer (Abb. 58h) lang, schlank, gekrümmt, Hypophysis lang. Linkes Paramer (Abb. 58i) kleiner, kopfförmig, die Hypophysis und der Fortsatz auf dem Sinneshöcker sind abwärts gekrümmt. Vesika (Abb. 58k) U-förmig, sekundäre Gonopore nahe der Spitze; sie wird von 2 hornartigen Chitinstäben überragt, die nach außen gekrümmt sind. Apikalteil der Theka (Abb. 58l) groß und spitz.

Länge: ♂ = 3,8 mm, ♀ = 3,3–3,6 mm.

Die Art lebt an Euphorbia. Imagines im Juni.

Aus der Türkei (Usak, Altintash, Banaz) bekannt.

Zu S. **III, 316**

Bestimmungstabelle wie folgt ändern:

5a (5d) Oberseite einfarbig hell, nur die Basis des Scutellum bisweilen dunkel gefleckt. Scheitel 2,2–2,5x so breit wie das Auge.

5b (5c) Sehr klein, 2,8–3,2 mm lang. Behaarung lang, kräftig und schwarz. 2. Fühlerglied beim ♂ fast so dick wie das 1. Glied, bei ♂ und ♀ nur 0,5–0,6x so lang wie die Pronotumbreite. 2b. **T. (T.) nigropilosus** S. 85

5c (5b) 3,7–4,4 mm lang. Behaarung hell, glänzend und kraus. 2. Fühlerglied schlank, 0,78–0,82x so lang wie die Pronotumbreite. 2a. **T. (T.) luridus** S. 84

5d (5a) Kopf dunkel gezeichnet. Scheitel beim ♂ nie über 2,1x, beim ♀ nie über 2,3x so breit wie das Auge.

6 (7) Wie bisher.

2a. **Tinicephalus (Tinicephalus) luridus** E. Wagner, 1976

Reichenbachia, Bd. 16 (10), S. 139–140.

Länglich-oval, das ♂ 3,1–3,4x, das ♀ 2,8–3,0x so lang wie die Pronotumbreite. Graugrünlich bis graugelblich. Behaarung hell, glänzend, kraus. Kopf ungefleckt (Abb. 59b+c), nur wenig breiter als hoch. Scheitel bei ♂ und ♀ 2,3–2,5x so breit wie das kleine Auge. Die Augen überragen seitlich die Vorderecken des Pronotum. Fühler (Abb. 59d+e) hell, im apikalen Teil etwas verdunkelt; 2. Glied 0,78–0,82x so lang wie die Pronotumbreite, gegen die Spitze leicht verdickt. Pronotum (Abb. 59a) groß, Seiten gerade. Scutellum und Halbdecken ungefleckt. Membran hellgrau. Unterseite gelb. Das Rostrum reicht bis zur Mitte des Bauches. Beine gelblich, Schenkel und Schienen ungefleckt. Dornen der Schienen fein und schwarz, etwas länger als die

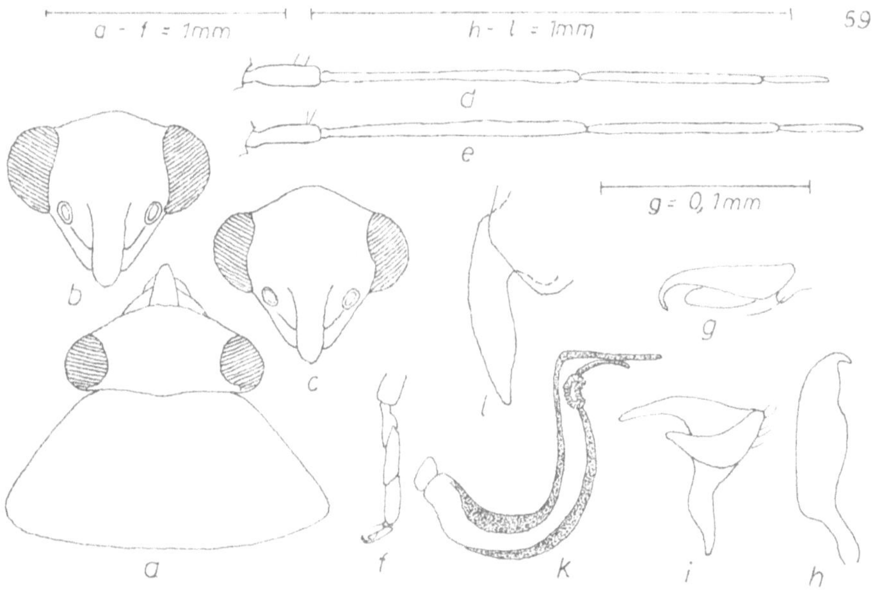

Abb. 59. *Tinicephalus (Tinicephalus) luridus* E. Wagn.
a Kopf und Pronotum des ♂ von oben – b Kopf des ♂ von vorn – c. dasselbe vom ♀ – d Fühler des ♂ – e: Fühler des ♀ – f: Hinterfuß – g Klaue desselben von außen – h rechtes Paramer von oben – i linkes Paramer von oben – k Vesika von links – l: Apikalteil der Theka von rechts

Schiene dick ist. Tarsen ganz oder teilweise schwarz. Hintertarsen (Abb. 59f) kurz und kräftig, das 2. Glied ist das längste. Klauen (Abb. 59g) schlank, im basalen Teil gerade, distal stark gekrümmt. Haftläppchen schmal, fast bis zur Klauenspitze reichend.

Rechtes Paramer (Abb. 59h) lang und schlank, Hypophysis hakenartig gekrümmt. Linkes Paramer (Abb. 59i) zangenförmig, Hypophysis lang und kräftig, leicht gekrümmt; Sinneshöcker in eine kräftige Spitze verlängert. Vesika (Abb. 59k) S-förmig, kräftig, hinter der Gonopore rechtwinklig nach außen gebogen, distal 2 ungleich lange, aneinanderliegende, fast gerade Chitinstäbe. Apikalteil der Theka (Abb. 59l) gerade und stumpf.

Länge: ♂ = 3,7–4,4 mm, ♀ = 3,7–4,0 mm.

Die Art wurde an Juniperus und Juncus gefunden. Imagines im Juni.

Aus der Türkei (Bilecik, Hakkum) bekannt.

2b. **Tinicephalus (Tinicephalus) nigropilosus** E. WAGNER, 1977

Reichenbachia, Bd. 16 (22), S. 222–223.

Klein, das ♂ 3,3x, das ♀ 3,1–3,6x so lang wie die Pronotumbreite. Grundfarbe hell graugelblich. Behaarung auffallend lang, struppig und schwarz, darunter sehr feine weiße Haare. Das ♀ kommt in 2 Formen vor. Bei der einen (Abb. 60b) ist das Pronotum kaum breiter als der Kopf, bei der anderen, viel selteneren Form ist es 1,3x so

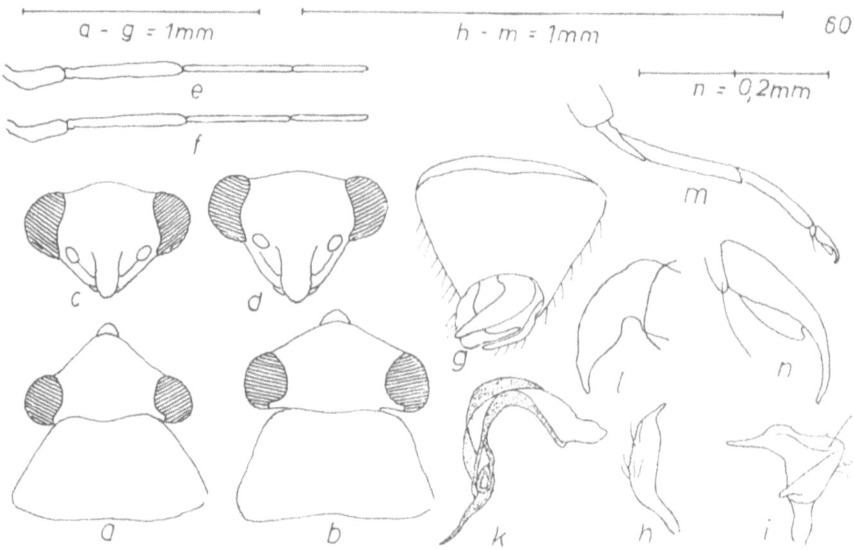

Abb. 60. *Tinicephalus (Tinicephalus) nigropilosus* E. Wagn.
a: Kopf und Pronotum des ♂ von oben – b: dasselbe vom ♀ – c: Kopf des ♂ von vorn – d: dasselbe vom ♀ – e: Fühler des ♂ – f: Fühler des ♀ – g: Genitalsegment des ♂ von oben – h: rechtes Paramer von oben – i: linkes Paramer von oben – k: Vesika von links – l: Apikalteil der Theka von rechts – m: Hinterfuß – n: Klaue desselben von außen

breit wie der Kopf. Der Grund für diesen Unterschied dürfte in der Ausbildung der Flugmuskulatur liegen.
Kopf kurz und breit (Abb. 60a–d), niedriger als breit. Scheitel bei ♂ und ♀ 2,2–2,3x so breit wie das Auge. Fühler (Abb. 60e+f) kurz und kräftig, gelbbraun, oft schwarz infolge dichter, schwarzer Behaarung. 1. Glied 0,6–0,7x so lang wie die Scheitelbreite; 2. Glied dick, beim ♂ kaum schlanker als das 1. Glied und bei ♂ und ♀ 0,5–0,6x so lang wie die Pronotumbreite; das 3. Glied 0,9x so lang wie das 2. Glied und 1,3–1,4x so lang wie das 4.; beide Endglieder dünner und dunkler. Pronotum trapezförmig (Abb. 60a+b), 1,3x (♂, ♀) oder 1,1x (♀) so breit wie der Kopf. Basis des Scutellum oft mit 2 dunklen Flecken. Halbdecken einfarbig hell. Membran rauchgrau, Adern hell. Das Rostrum überragt die Hinterhüften. Schenkel im Apikalteil mit undeutlichen Punkten. Schienen ohne Punkte, mit feinen, schwarzen Dornen, die länger sind als die Schiene dick ist. Spitze des 3. Tarsengliedes schwarz. An den Hintertarsen (Abb. 60m) ist das 3. Glied kürzer als das 2. Glied. Die Klauen sind distal stärker gekrümmt und schlank (Abb. 60n). Haftläppchen schmal, etwas länger als seine Entfernung von der Klauenspitze.
Genitalsegment des ♂ (Abb. 60g) kegelförmig. Rechtes Paramer (Abb. 60h) lang und schlank, Hypophysis lang. Linkes Paramer (Abb. 60i) mit langer gerader Hypophysis. Sinneshöcker mit kurzer gerader Spitze. Vesika (Abb. 60k) klein, U-förmig, distal eine schlanke Spitze. Apikalteil der Theka (Abb. 60l) gekrümmt, proximal bauchig erweitert.
Länge: ♂ = 2,80–3,25 mm, ♀ = 3,1–3,2 mm.
Die Art lebt an Helianthemum cinereum PERS. Imagines im Juni.
Aus Algerien (Djelfa) bekannt.

Zu S. **III, 354**

Zur Gattung **Opisthotaenia** REUTER, 1901

Die Vereinigung von *Ribesophylus* E. WAGN. und *Opisthotaenia* REUT. (SEIDENSTÜCKER 1968, l. c.) muß wieder gelöst werden. Beide unterscheiden sich durch gewichtige Merkmale. Schon allein die Unterschiede zwischen den Fühlern können ohne weiteres als Gattungsmerkmale gewertet werden. Aber auch die Genitalien und die Klauen unterscheiden sich. Da aber andere Merkmale übereinstimmen, halten es die Verfasser für richtig, beide zu Untergattungen zu erheben.

Bestimmungsschlüssel
für die Untergattungen von *Opisthotaenia* REUT.

1 (2) 1. und 2. Fühlerglied verdickt, stets schwarz; das 2. Glied beim ♂ walzenförmig, beim ♀ spindelförmig (Abb. III, 876c); 3. und 4. Glied stets hell.
1. Untergattung **Ribesophylus** S. 87

2 (1) 1. und 2. Fühlerglied nicht verdickt, hell, die Enden bisweilen geschwärzt; 3. und 4. Glied stets schwarz (Abb. III, 876a+b). 2. Untergattung **Opisthotaenia** S. 87

1. Untergattung **Ribesophylus** E. WAGNER, 1966

Typus-Art: *R. striatus* E. WAGN.

E. WAGNER, Mitt. Deutsch. Ent. Ges., Bd. 25, S. 78–81; SEIDENSTÜCKER 1968, Reichenbachia, Bd. 10 (6), S. 31–38.

♂ länglich-oval und 3,4x, ♀ breit-oval und 2,88x so lang wie die Pronotumbreite (Abb. III, 875c). Grau, mit schwarzer und roter Zeichnung. Rot gefärbt sind der größere Teil des Scutellum und des Cuneus. Kopf schwarz, Scheitel mit gelbbraunem Fleck. Pronotum vorn mit schwarzem Querfleck. Basis des Scutellum schwarz. Halbdecken mit schwarzen Längsstreifen. Hinterende des Exocorium stets mit kräftigem schwarzem Fleck. Tylus spitz. Fühler zweifarbig, die beiden Basalglieder stets schwarz, die beiden Endglieder einfarbig weißlich. 2. Glied verdickt, beim ♂ walzenförmig (Abb. III, 876c), beim ♀ sehr dick walzenförmig. Glieder 3 und 4 dünn. Haftläppchen sehr breit und spitz, etwa 2,5x so lang wie seine Entfernung von der Klauenspitze. Das Rostrum reicht bis zu den Mittelhüften.

Einzige Art: *Opisthotaenia (Ribesophylus) striatus* (E. WAGNER), 1965

Hierher den Text von S. III, 355!

2. Untergattung **Opisthotaenia** s. str.

♂ etwas breiter und mehr oval. Ohne rote Zeichnung. Kopf hell, schwarz gezeichnet. Pronotum mit schwarzer Zeichnung, die aber nach einem anderen Muster angeordnet ist und bei *O. fulvipes* REUT. 2 Querbinden bildet. Scutellum hell, oft mit schwarzer Zeichnung. Halbdecken mit schwarzen Längsstreifen, aber Exocorium am Ende ohne Fleck. Tylus distal abgerundet. Fühler schlank, die beiden Basalglieder stets hell (Abb. III, 876a+b), nur mit geringer schwarzer Zeichnung. Die beiden Endglieder mit Ausnahme der äußersten Basis einfarbig schwarz. Das 2. Fühlerglied geringfügig verdickt. Haftläppchen breit, fast bis zur Klauenspitze reichend, distal abgerundet. Das Rostrum reicht bis zu den Hinterhüften.

B e s t i m m u n g s s c h l ü s s e l
für die Arten von *Opisthotaenia* s. str.

1 (2) Pronotum mit 2 schwarzen Querbinden. Scutellum mit schwarzer Basis, schwarzen Seiten und schwarzer Mittellinie (Abb. III, 875b).
2. **O. (O.) fulvipes** REUT.

2 (1) Pronotum nur mit kleinen schwarzen Flecken an den Schwielen. Scutellum kaum gezeichnet (Abb. III, 875d). 3. **O. (O.) glauca** SEID.

Die Beschreibungen beider Arten finden sich auf S. III, 355+356.

Zu **S. III, 382**

Bestimmungstabelle wie folgt ändern:

10 (7) Länge beim ♂ nicht über 3,3 mm, beim ♀ nicht über 3,0 mm. Das Rostrum reicht mindestens bis zum 3. Sternit.

11 (12) Hinterschenkel schwarzbraun bis schwarz, Spitze etwas heller. 2. Fühlerglied 0,82x (♀) bis 0,93x (♂) so lang wie die Pronotumbreite. ♀ brachypter.
4. **S. sauledai** S. 88

12 (11) Hinterschenkel hell, mit schwarzbraunen Flecken. 2. Fühlerglied 0,75x so lang wie die Pronotumbreite. ♀ makropter.
Der im Süden der UdSSR lebende **S. parvulus** REUT.

4. **Solenoxyphus sauledai** (RIBES), 1976

Compsidolon (Apsinthophylus) id., RIBES, Mediterranea, Dep. Biol. Fac. Sci. Alicante, Bd. 1, S. 42–46.

Klein, das ♂ makropter, länglich, Halbdecken parallelseitig, das ♀ brachypter, ovoidal, Außenrand der Halbdecken konvex. Grundfarbe gelbgrün. Glänzend. Behaarung goldgelb, glänzend, im vorderen Teil dichter. Oberseite mit feinen, regelmäßigen graubraunen Punkten. Kopf 1,25x (♂) bis 1,30x (♀) so breit wie hoch. Tylus dick, distal abgerundet. Stirn mit in der Mitte unterbrochenen Querlinien. Augen rötlich, kugelig. Scheitel beim ♂ 1,8–1,9x, beim ♀ 2,3–2,4x so breit wie das Auge. Fühler gelb, 1. Glied verdunkelt mit Ausnahme des apikalen Drittels; 2. Glied beim ♂ 1,34x, beim ♀ 1,10x so lang wie die Kopfbreite und beim ♂ 0,93x, beim ♀ 0,82x so lang wie die Pronotumbreite; 4. Glied halb so lang wie das 3. Glied. Pronotum trapezförmig, 2,6–2,7x so breit wie lang, im vorderen Teil mehr oder weniger verdunkelt. Scutellum beim ♂ verdunkelt. Membran weiß, dunkelgrau gescheckt, Adern gelb. Beine dunkel behaart. Schenkel braun, Hinterschenkel fast schwarz, ihre Spitze heller. Schienen gelb, Innenseite der Hinterschienen rötlich. Dornen der Schienen fein und etwas verdunkelt, aus graubraunen Punkten entspringend. 2. Glied der Hintertarsen etwas länger als das 3. Glied. Die Klauen sind schlank, nur wenig gekrümmt. Haftläppchen kürzer als die Borsten. Unterseite der Brust braun, des Abdomens gelbgrün, goldgelb behaart. Das Rostrum erreicht das 4. Abdominalsegment.

Genitalsegment des ♂ kegelförmig, 1,5x so lang wie breit. Rechtes Paramer oval, Hypophysis kurz, rückwärts gekrümmt. Linkes Paramer kopfförmig, Hypophysis aufwärts gerichtet, spitz; Sinneshöcker mit kurzer Spitze, Vesika denen der übrigen Arten ähnlich (Abb. III, 896), etwas schlanker, sekundäre Gonopore der Spitze sehr nahe. Apikalteil der Theka robust, spitz, proximal etwas bauchig.

Länge: ♂ = 3,0–3,3 mm, ♀ = 2,8–3,0 mm.

Es ist möglich, daß für diese Art ein eigenes Genus aufgestellt werden müßte. Sie ist jedoch *S. parvulus* REUT. recht ähnlich.

Die Art lebt an Suaeda splendens GR. et S. Imagines von Juni bis August.

Bisher nur in Spanien (Alicante, Laguna de Salinas) gefunden.

Zu S. **III, 398**

Bestimmungstabelle wie folgt ändern:

4a (4b) Fühler hell, nur das 1. Glied schwarz (Abb. 61f, g). Hinterschenkel schwarz. Vesika (Abb. 61p) distal mit 3 Chitinspitzen. 2a. **M. pictus** S. 90

4b (4a) Fühler schwarz. Hinterschenkel in der Regel hell. Vesika distal mit 2 Chitinspitzen (Abb. III, 911e).

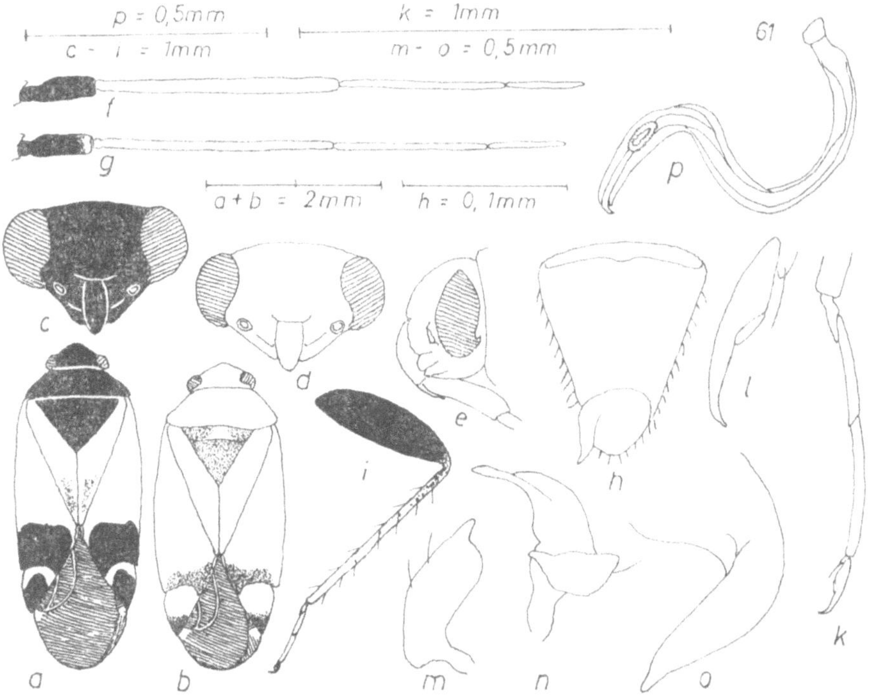

Abb. 61. *Maurodactylus pictus* E. Wagn.

a: Gestalt des ♂ – b: Gestalt des ♀ – c: Kopf des ♂ von vorn – d: dasselbe vom ♀ – e: Kopf des ♂ von links – f: Fühler des ♂ – g: Fühler des ♀ – h: Genitalsegment des ♂ von oben – i: Hinterbein – k: Hinterfuß – l: Klaue desselben von außen – m: rechtes Paramer von oben – o: Apikalteil der Theka von links – p: Vesika von rechts

2a. **Maurodactylus pictus** E. WAGNER, 1975

Reichenbachia, Bd. 15 (31), S. 274–276.

Graugrün bis graugelb, mit schwarzer Zeichnung (Abb. 61a+b). Beim ♂ sind Kopf, Pronotum, Scutellum, das 1. Fühlerglied, die Hinterschenkel, ein Querfleck am Ende des Corium und der Cuneus mit Ausnahme der Basis schwarz. Beim ♀ sind nur das 1. Fühlerglied, die Hinterschenkel und die Apikalhälfte des Cuneus schwarz, sowie eine Querbinde am Ende des Corium und oft auch das Scutellum verdunkelt. Gestalt lang-oval. Behaarung hell und fein. Kopf (Abb. 61c+d) breiter als hoch. Scheitel ungerandet, beim ♂ 1,8x, beim ♀ 2,7–2,9x so breit wie das Auge. Stirn (Abb. 61e) gewölbt, Tylus gekrümmt. 1. Fühlerglied (Abb. 61f+g) stets schwarz, die übrigen Glieder hell; 2. Glied 0,8–0,9x so lang wie die Pronotumbreite. Pronotum mehr als doppelt so breit wie lang. Membran schwärzlich. Beine hell, die Hinterschenkel stets schwarz. Basalteil aller Schienen dicht punktiert (Abb. 61i), Dornen hellbraun. An den Hintertarsen (Abb. 61k) ist das 3. Glied etwa so lang wie das 1. und 2. Glied zusammen. Klauen (Abb. 61l) schlank, nur wenig gekrümmt, Haftläppchen schmal, weniger als halb so lang wie seine Entfernung von der Klauenspitze. Das Rostrum reicht bis zu den Mittelhüften.

Rechtes Paramer (Abb. 61m) gekrümmt, blattartig. Linkes Paramer (Abb. 61n) mit langer, gekrümmter, robuster Hypophysis, Sinneshöcker sehr kurz, in eine kräftige Spitze auslaufend. Vesika (Abb. 61p) schlank, S-förmig, distal mit 3 aneinanderliegenden Chitinstäben, sekundäre Gonopore weit vor der Spitze. Apikalteil der Theka (Abb. 61o) schlank und spitz.

Länge: ♂ = 3,4–3,8 mm, ♀ = 3,0–3,35 mm.

Die Art lebt an Anabasis ramosissima DINGL. Imagines im Mai.

Aus Syrien (Deir ez Zor) bekannt, leg. H. ECKERLEIN.

Es ist möglich, daß diese Art zu *Damioscea* REUT. gestellt werden muß.

Zu S. **III, 435**

Bestimmungsschlüssel wie folgt ändern:

8a (8f) Kleiner, Länge nicht über 2,2 mm, beim ♂ bisweilen bis 2,7 mm.

8b (8e) Vesika distal mit 3 Chitinspitzen (Abb. III, 932Ak).

8c (8d) Kleiner. Scheitel beim ♂ 1,1x, beim ♀ 2,5–2,7x so breit wie das Auge. Dornen der Schienen länger. Blattartige Fläche am Apikalteil der Vesika breit und gekrümmt (Abb. III, 932An), grob gezähnt. Aus Israel.
21a. **T. (Ch.) sodomita** S. III, 440

8d (8c) Etwas größer. Scheitel beim ♂ 1,7x, beim ♀ 2,7x so breit wie das Auge. Dornen der Schienen kürzer als die Schiene dick ist. Blattartige Fläche am Ende der Vesika (Abb. 62i) schlank, zweispitzig, ihre Ränder glatt. Aus Tunesien.
21b. **T. (Ch.) kebillina** S. 91

8e (8b) Vesika distal mit 2 Chitinspitzen (Abb. 63i). Von den Kanaren.
21c. **T. (Ch.) verticata** S. 91

8f (8a) Größer. Länge über 2,4 mm.

9 (10) Wie bisher.

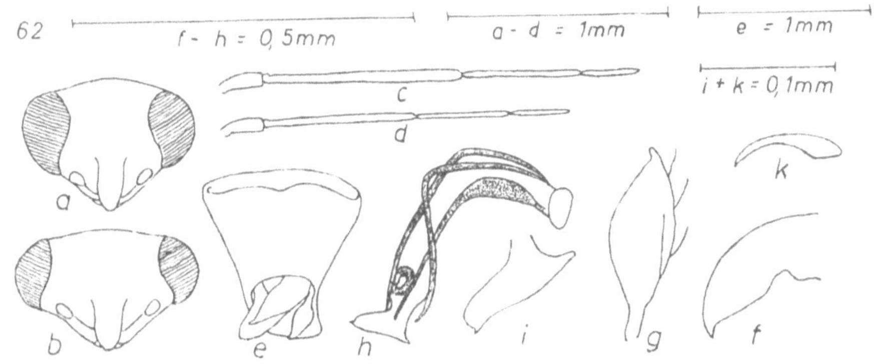

Abb. 62. *Tuponia (Chlorotuponia) kebillina* E. Wagn.

a: Kopf des ♂ von vorn – b: dasselbe vom ♀ – c: Fühler des ♂ – d: Fühler des ♀ – e: Genitalsegment des ♂ von oben – f: Apikalteil der Theka von rechts – g: rechtes Paramer von oben – h: Vesika von rechts – i: apikale Chitinplatte derselben von rechts – k: Klaue des Hinterfußes von außen

21b. **Tuponia (Chlorotuponia) kebillina** E. WAGNER, 1977

Reichenbachia, Bd. 16 (31), S. 312–314.

Klein, das ♂ 2,5–2,7x, das ♀ 2,2–2,3x so lang wie die Pronotumbreite. Mit schwarzen und hellen Haaren. Kopf (Abb. 62 a+b) viel breiter als hoch. Scheitel beim ♂ 1,7x, beim ♀ 2,7x so breit wie das Auge. Fühler einfarbig hell (Abb. 62c+d). 2. Glied beim ♂ etwas länger, beim ♀ etwas kürzer als die Kopfbreite; 4. Glied sehr kurz, 0,6x so lang wie das 3. Glied, in der Regel schwarz. Pronotum mehr als 2x so breit wie lang und 1,35x so breit wie der Kopf. Scutellum und Halbdecken einfarbig hell. Membran grau, Adern weißlich, hinter den Zellen ein dunkler Fleck. Das Rostrum erreicht die Hinterhüften. Schienen ohne Punkte, mit schrägstehenden Dornen, die kürzer sind als die Schiene dick ist. An den Hintertarsen ist das 1. Glied sehr kurz, das 2. Glied etwa doppelt so lang und das 3. Glied noch länger.

Genitalsegment des ♂ (Abb. 62e) kegelförmig, Spitze nach rechts gebogen. Rechtes Paramer (Abb. 62g) blattartig. Linkes Paramer kopfartig, lang gestielt, beide Fortsätze lang und gerade. Vesika (Abb. 62h) sehr klein, Apikalteil mit 3 Chitinspitzen und einer schlanken, zweispitzigen Chitinplatte (Abb. 62i), deren Ränder glatt sind.

Länge: ♂ = 2,5–2,7 mm, ♀ = 2,2–2,3 mm.

Aus Tunesien (Kebilli) bekannt.

21c. **Tuponia (Chlorotuponia) verticata** E. WAGNER, 1975

Dtsch. Ent. Zeit., N. F., 22, S. 149–150.

Klein, ♂ schlanker als ♀ (Abb. 63a+b). Behaarung fein und weißlich, mit einzelnen schwarzen Haaren. Grün. Scheitel (Abb. 63c+d) beim ♂ 1,5x, beim ♀ 2,3–2,4x so breit wie das Auge. 2. Fühlerglied 0,90–0,93x so lang wie die Pronotumbreite. Das Rostrum reicht etwas über die Hinterhüften hinaus. Beine grün, ungefleckt. Hinterschenkel leicht verdickt, Schienen ohne Punkte, mit langen schwarzen Dornen, die etwa doppelt so lang sind wie die Schiene dick ist. An den Hintertarsen ist das 3. Glied

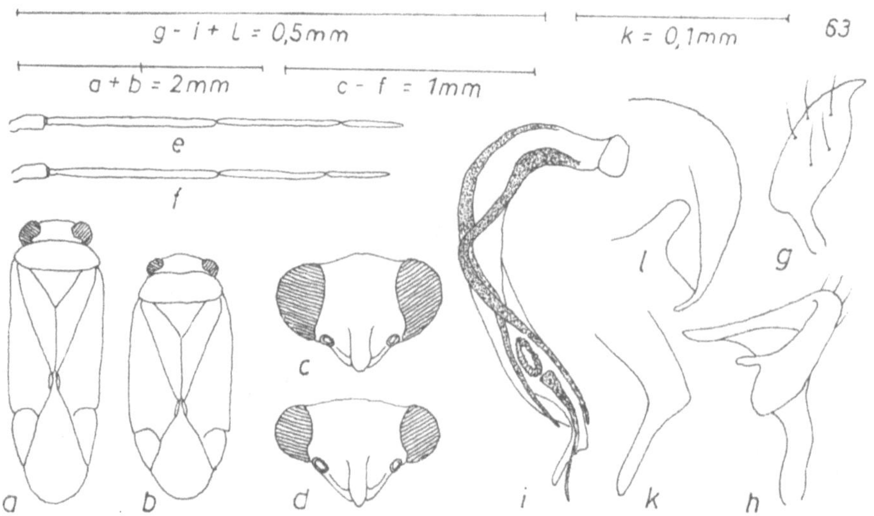

Abb. 63. *Tuponia (Chlorotuponia) verticata* E. Wagn.
a: Gestalt des ♂ – b: Gestalt des ♀ – c: Kopf des ♂ von vorn – d: dasselbe vom ♀ – e: Fühler des ♂ – f: Fühler des ♀ – g: rechtes Paramer von oben – h: linkes Paramer von oben – i: Vesika von links – k: akipale Chitinplatte derselben – l: Apikalteil der Theka von links

weit länger als das 2. Glied. Rechtes Paramer (Abb. 63g) groß und gekrümmt. Linkes Paramer (Abb. 63h) mit sehr langem Basalteil (Stiel), Hypophysis lang und gerade, auf dem Sinneshöcker ein schlanker, gerader Fortsatz. Vesika (Abb. 63i) vom *T. longipennis*-Typ. Apikalteil mit 1 langen und 2 kurzen Chitinstäben. Zwischen ihnen liegt eine blattartige Fläche (Abb. 63k), die schmal und zungenförmig ist und deren Ränder glatt sind. Apikalteil der Theka (Abb. 63l) bauchig, mit feiner, gekrümmter Spitze.

Länge: ♂ = 2,0–2,4 mm, ♀ = 1,9–2,2 mm.

Auf den Kanarischen Inseln (Teneriffa) gefunden.

Zu S. **III, 436**

Bestimmungstabelle wie folgt ändern:

23 (22) Wie bisher.

23a (23b) Ungewöhnlich bunte Art. Grundfarbe dunkelgrün. Gelb gefärbt sind am Kopf Tylus und Zügel, am Pronotum die Schwielen und der Hinterrand und an den Halbdecken das Embolium. Corium hellgrün, dunkel gescheckt. Fühler und Schienen gelbweiß. Schenkel gelb. 30a. **T. (Ch.) coruhica** S. 93

23b (23a) Grün, die Halbdecken bisweilen weiß oder weißgrün mit sattgrünen Flecken.

24 (25) Wie bisher.

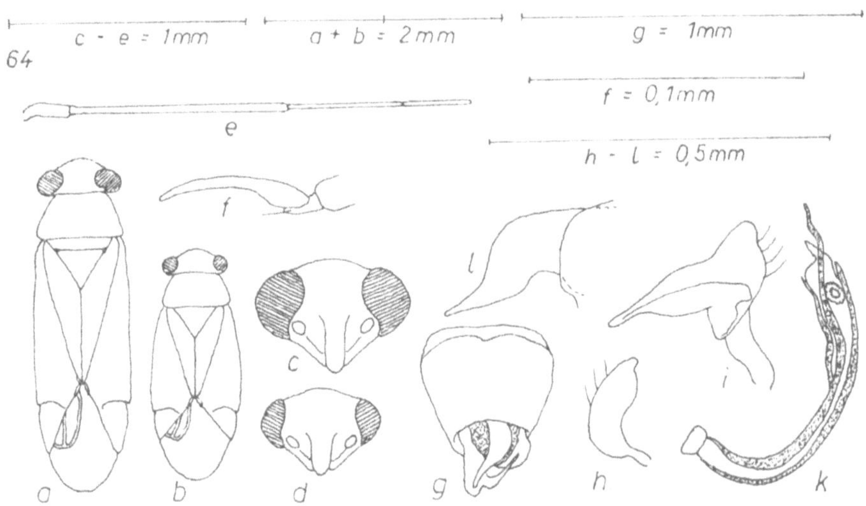

Abb. 64. *Tuponia (Chlorotuponia) coruhica* E. Wagn.
a: ♂ – b: ♀ – c: Kopf des ♂ von vorn – d: dasselbe vom ♀ – e: Fühler des ♂ – f: Klaue des Hinterfußes von außen – g: Genitalsegment des ♂ von oben – h: rechtes Paramer von oben – i: linkes Paramer von oben – k: Vesika von links – l: Apikalteil der Theka von links

30a. **Tuponia (Chlorotuponia) coruhica** E. WAGNER, 1976
Reichenbachia, Bd. 16 (8), S. 127–128.

♂ schlank und 3,4x, das ♀ kürzer und 2,8x so lang wie die Pronotumbreite (Abb. 64a+b). Mit feinen dunklen Haaren, dazwischen einzelne weiße Haare. Dunkelgrün, gelb gefärbt sind am Kopf Tylus und Zügel, am Pronotum Schwielen und Hinterrand, an den Halbdecken das Embolium sowie in der Regel auch die Schenkel. Scutellum gelbgrün. Corium hellgrün, dunkel gescheckt, sein Hinterrand hell. Cuneus hellgrün mit dunklen Rändern. Fühler und Schienen gelbweiß. Scheitel beim ♂ 0,96–1,1x, beim ♀ 2,25x so breit wie das Auge (Abb. 64a–d). 2. Fühlerglied 1,15x so lang wie die Pronotumbreite und länger als das 3. und 4. Glied zusammen. Pronotum 1,15–1,20x so breit wie der Kopf. Das Rostrum reicht bis zu den Mittelhüften. Dornen der Schienen schwarz, kräftig und länger als die Schiene dick ist. 3. Glied der Hintertarsen länger als das 2. und kaum kürzer als das 1. und 2. zusammen.

Genitalsegment des ♂ (Abb. 64g) sehr klein und abgerundet. Rechtes Paramer (Abb. 64h) nur 0,15 mm lang, gekrümmt, blattartig. Linkes Paramer (Abb. 64i) mit langer, gerader Hypophysis, Sinneshöcker sehr schmal, etwa in seiner Mitte ein kleiner Höcker. Vesika (Abb. 64k) vom *T. hippophaes*-Typ; der mittlere der Chitinstäbe reicht weit über die Spitze hinaus, die beiden anderen enden vor der Spitze. Länge der Vesika 0,4 mm. Apikalteil der Theka (Abb. 64l) S-förmig, sehr spitz.

Länge: ♂ = 2,7–2,8 mm, ♀ = 1,85 mm.

Die Art lebt an Tamarix. Imagines im Juni und September.

Aus der Osttürkei (Cohru-nehri, Tire) bekannt.

Zu S. **III, 437**

Bestimmungstabelle wie folgt ändern:

33 (30) Das Rostrum reicht bis zu den Mittelhüften, selten etwas darüber hinaus; dann ist der Scheitel beim ♂ 1,1–1,2x, beim ♀ 3,2x so breit wie das Auge.

33a (33b) Scutellum einfarbig. Vesika distal mit nur 1 längeren Chitinstab (Abb. III, 934c). 35. **T. (Ch.) mimeuri** S. III, 450

33b (33a) Scutellum grün, mit mondförmigem, leuchtend gelbem Fleck und gelber Spitze (Abb. 65g). Vesika distal mit 2 ungleich langen, gekrümmten Chitinstäben (Abb. 65m). 35a. **T. (Ch.) pictiscutum** S. 94

35a. **Tuponia (Chlorotuponia) pictiscutum** E. WAGNER, 1975

Dtsch. Ent. Zeit., N. F., Bd. 22, S. 150–152.

Sehr klein, oval, das ♂ 2,55x, das ♀ 2,8x so lang wie die Pronotumbreite. Hellgrün, dicht mit smaragdgrünen, ungleich großen Punkten bedeckt und dadurch sattgrün erscheinend. Behaarung fein und weißlich. Kopf gelblich. Scheitel beim ♂ 1,1–1,2x, beim ♀ 3,2x so breit wie das Auge (Abb. 65a–d). Fühler gelbbraun, lang und schlank (Abb. 65e+f); 2. Glied beim ♂ 1,1x, beim ♀ 1,2x so lang wie die Pronotumbreite. Scutellum (Abb. 65g) im vorderen Teil mit auffälligem, mondförmigem, leuchtend gelbem Fleck, auch die Spitze schmal gelb. Außenrand des Corium weißlich. Cuneus weiß oder grün. Das Rostrum ragt ein wenig über die Hinterhüften hinaus. Beine

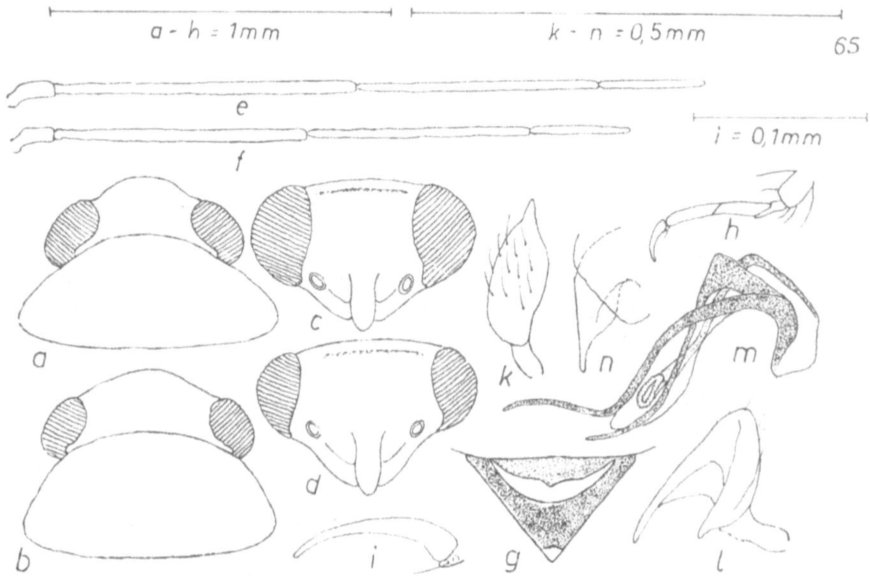

Abb. 65. *Tuponia (Chlorotuponia) pictiscutum* E. Wagn.

a: Kopf und Pronotum des ♂ von oben – b: dasselbe vom ♀ – c: Kopf des ♂ von vorn – d: dasselbe vom ♀ – e: Fühler des ♂ – f: Fühler des ♀ – g: Scutellum – h: Hinterfuß – i: Klaue desselben von außen – k: rechtes Paramer von oben – l: linkes Paramer von oben – m: Vesika von links – n: Apikalteil der Theka von rechts gelbgrau. Schienen ohne Punkte, aber mit schwarzen Dornen, die fast doppelt so lang sind wie die Schiene dick ist. 2. und 3. Glied der Hintertarsen (Abb. 65h) gleich lang.

Rechtes Paramer (Abb. 65k) stark behaart. Linkes Paramer (Abb. 65l) distal fast spitz. Vesika (Abb. 65m) dem *T. hippophaes*-Typ sehr ähnlich, aber distal mit 2 sehr ungleichen Spitzen.

Länge: ♂, ♀ = 2,1–2,2 mm.

Aus Spanien (Flix, Tarragona) bekannt.

Register

(Synonyme sind in *kursiv* gesetzt)

1 Gattungen und Untergattungen

2. Arten und Unterarten

Übersicht über die herausgegebenen Publikationen

Reichenbachia

Fachgebiet: Taxonomie (Neubeschreibungen, Revisionen und andere taxonomische Arbeiten mit geringem Umfang).

Tiergruppen: Insecta, Myriapoda, Arachnida.

Entomologische Abhandlungen

Fachgebiete: Taxonomie (Bestimmungstabellen, Monographien und andere taxonomische Arbeiten mit größerem Umfang), Phylogenie, Evolution, Morphologie, Anatomie, Biologie, Ökologie, Zoogeographie.

Tiergruppen: Insecta, Myriapoda, Arachnida.

Faunistische Abhandlungen

Fachgebiet: Faunistik. Diese Reihe dient auch zur Veröffentlichung faunistischer Kurzmitteilungen.

Tiergruppen: alle Gruppen mit Ausnahme der Protozoa.

Zoologische Abhandlungen

Fachgebiete: Taxonomie, Phylogenie, Evolution, Morphologie, Anatomie, Biologie, Ökologie, Zoogeographie.

Tiergruppen: Vertebrata; daneben Evertebrata mit Ausnahme der Insecta, Myriapoda, Arachnida, Mollusca und Protozoa.

Malakologische Abhandlungen

Fachgebiete: Taxonomie, Phylogenie, Evolution, Morphologie, Anatomie, Biologie, Ökologie, Zoogeographie.

Tiergruppe: Mollusca.

Übersicht über die erschienenen Publikationen

Nach 1945 erschienen folgende Bände:

Abhandlungen und Berichte aus dem Staatlichen Museum für Tierkunde in Dresden

Bände 21 (1953) – 25 (1960)
(Band 21 ist vergriffen).

Ab 1961 wurden die „Abhandlungen und Berichte aus dem Staatlichen Museum für Tierkunde in Dresden“ in zwei Reihen unterteilt:

Entomologische Abhandlungen

Ab Band 26 (1961–1962) ff.
Zu den Bänden 36, 37, 39 und 40 erschienen Supplementbände.

Zoologische Abhandlungen

Ab Band 26 (1961–1964) ff.
Ab Band 26 ohne Insecta, ab Band 27 ohne Mollusca.
(Bände 26–29 sind vergriffen).

Im Zeitraum von 1962–1964 wurden zusätzlich die folgenden Reihen neu eingerichtet:

Reichenbachia

Ab Band 1 (1962–1963) ff.

Faunistische Abhandlungen

Ab Band 1 (1963–1966) ff.

Malakologische Abhandlungen

Ab Band 1 (1964–1967) ff.

Alle genannten Reihen erscheinen fortlaufend, jedoch zwanglos und ohne feste Bindung an das Kalenderjahr.

III-9-16 Jt 1943/75 10 T. (30045/9)

FSC
www.fsc.org
MIX
Papier | Fördert gute Waldnutzung
FSC® C083411

Zeitfracht Medien GmbH
Ferdinand-Jühlke-Straße 7
99095 Erfurt, Deutschland
produktsicherheit@kolibri360.de